U0128323

# 屏東管理學
## 首部曲

賴碧瑩————主編

PingTung
Management　Episode 1

# 縣長序

我出身漁村，年輕時拎著一卡皮箱跑遍世界各地，開拓了國際視野、練就了一身行銷屏東的本領。因為來自企業所以知道企業管理對於一家公司的重要性，也深刻了解每一家企業所代表的是一家公司的故事。本人一直以來主張以「人」為本，在自己家鄉「安居樂業」，要樂業就需要更多成功企業家落腳屏東。

《屏東管理學》一書介紹的企業包括：內埔鄉的大田精密工業 ( 高爾夫球頭、頂級腳踏車 )、屏東市的國興畜產實業公司 ( 畜產飼料製造 )、屏東市的中洲建設 ( 住宅大樓 ) 及印象建設 ( 透天厝 )、屏東市的秀軒企業 ( 服飾產品 )、枋寮鄉金皇企業 ( 辦公家具生產 )、屏東市河見電機 ( 沉水泵浦 )、內埔鄉安得烈企業 ( 掛鎖鎖心 )、南州鄉的芙玉寶公司 ( 清潔用品 ) 等，這每一家廠商成立時間從 20 年到 50 年都有，這些都是屏東在地的知名企業，更是跨足世界各地的國際企業，它們所代表的是屏東企業家努力不懈的奮鬥精神，也是一部屏東企業發展史。

本書是由國立屏東大學賴碧瑩教授主編，屏東大學是本縣優秀的大學，積極參與本縣諸多公共事務，產學合作計畫更是豐沛。我相信透過這本書可以讓讀者了解屏東在地企業成功經驗及這些企業奠定管理的基礎，幫助讀者了解屏東企業如何與世界鏈結。這是一本值得您深入閱讀的書籍。書本的企業個案更能翻轉大家對於屏東的認知，許多人認為屏東是一個農業大縣，但是經由本書的管理個案介紹，讀者可以發現，屏東不僅在農業出色，更有許多國際隱形冠軍企業在屏東發跡、成長茁壯，發揮屏東精神，恬恬地做、實實地做、憨憨地做，越在地、越國際。

屏東縣縣長 潘孟安

2021.Jan.1

# 校長序

國立屏東大學管理學院自設立以來，已培育無數的管理人才，在國內外各行各業貢獻專業，在南台灣的大學管理學領域中占有重要的一席之地。為落實本校管理學院師生的專業能應用於實踐大學社會責任，協助地方產業之永續發展，並進一步建立與在地企業彼此之間的鏈結，學校的教授群善用各自的學術專業，實地訪視屏東在地代表性企業，深入了解這些屏東隱形冠軍企業的管理機制與成功經驗，經由本書的介紹，讓每一家公司都成為屏東、甚至台灣的企業典範。

《屏東管理學》一書介紹的企業包括：大田精密工業、國興畜產、秀軒企業、金皇企業、河見電機、安得烈企業、芙玉寶、中洲建設、印象建設等，這些企業不論是在高爾夫球具、頂級運動自行車、畜產加工食品、年輕族群服飾產品、時尚辦公家具、專業沉水泵浦、房地產開發興建、清潔用品、世界名牌掛鎖等，均是其各自行業的翹楚，每一家企業都有各自動人與精采的奮鬥故事，這些企業成功的管理哲學與模式，更是值得管理學界的個案研究分析，也都是有心創業的年輕學子可以師法的在地知名企業。

管理學是一門研究人類社會組織管理活動中各種現象及規律的專業學科，國立屏東大學管理學院透過大學教師專業學習社群的研究與評析，落實大學社會責任的實踐。本書在管理學院賴碧瑩邀集潘怡君、劉毅馨、朱全斌、李國榮、黃露鋒、陳宗輝、郭子弘等教授們，共同參與個案研究與撰寫，發揮管理學所倡導的研究社會管理活動，專業分享在地企業發展的成功經驗。

國立屏東大學在 2014 年 8 月由國立屏東商業技術學院與國立屏東教育大學兩校合併新設後，本人隨即提出 UGSI，U(University)、G(Government)、S(Society)、I(Industry) 等四大主軸為學校的發展策略，希望透過 UGSI 與其他大學、各級政府、社區鄉鎮及產業合作，落實大學的社會責任實踐，希望本校能夠積極參與地方產業、協助地方發展，本書正是 UGSI 落實地方產業合作的表徵。2011 年德國最早提出「工業 4.0」的概念後，造成所謂的第四次工業革命，世界各國紛紛將此概念落實於生產技術及系統。大學是知識研發、傳播及高等人才培育最重要的基地，因此屏東大學循著大學被賦予的使命，從知識研發、傳播，到實際產業的應用，也就是過去大家所熟知的教學、研究、產學合作三大功能，最後統合教研和產學合作能量，提供所處區域專業需求，實踐大學社會責任，這就是屏東大學的「大學 4.0」。本書《屏東管理學—首部曲》正是實現「大學 4.0」的具體作法。本書的標題意謂著繼首部曲之後將有更多在地的隱形冠軍將被接續研究，而其成果報導也將可被高度期待。

這是一本值得您深入閱讀的好書，我相信透過閱讀《屏東管理學—首部曲》，將有助於讓讀者深入了解屏東在地企業的成功經驗，以及這些企業如何奠定其成功基礎的企業管理知識體系，同時也讓讀者了解屏東企業如何從在地出發鏈結世界！

國立屏東大學校長 古源光

2021.Jan.1

# 總幹事序

屏東為國境之南，擁有絕佳的自然景觀與文化資產，面對全球化競爭因應全球化趨勢，屏東縣政府設立單一窗口服務產業，希望透過專人、專案、專責的方式協助願意投資屏東的企業能夠有一個優質的投資環境，工商策進會主要就是扮演服務在地企業的媒介角色，屏東大學為本地作育英才無數，是屏東縣重要的管理人才培育場所，為能深化與地方廠商的聯繫，屏東大學賴碧瑩教授帶領潘怡君、朱全斌、李國榮、黃露鋒、陳宗輝、郭子弘教授們共同參與屏東管理學一書，深入淺出地介紹屏東在地企業，不僅讓我們看到這些企業成功的管理策略，也讓願意投資屏東的投資人可以看到屏東企業家成功的一面。

屏東管理學一書介紹的企業有印象建設、中洲建設、大田精密工業、國興畜產實業公司、秀軒企業、金皇企業、河見電機、安得烈企業、芙玉寶公司等。這些企業不論是在屏東房地產興建、高爾夫球頭、頂級腳踏車、畜牧品加工食品產業、服飾產品、辦公家具生產、沉水泵浦製造商、清潔用品生產、掛鎖產業；每一家廠商都有他們管理與生產的故事，也都是屏東在地的知名企業。

屏東大學教授們在辛苦教學之餘，對地方工商發展研究，值得嘉許。相信本書的發行將帶給讀者、屏東縣民另一種工商知識饗宴，讓台灣人看到屏東產業發展的成果。

工商策進會總幹事　李清聰

2021.Jan.5

# 主編序

近幾年，台灣的商業領域開始著墨社會企業責任，許多大學也在思考如何強化產學合作量能，鼓勵教師進行深耕計畫，希望老師走進企業，發揮在地學校在地企業服務精神，屏東管理學這本書就這樣的理念而誕生。尤其在屏東教書多年，不論是我個人還是參與的老師，很多人並沒有真正走入屏東企業家，屏東的企業農工漁牧均有，並非僅有服務業，為了介紹每個企業個案，我們逐一確認願意接受訪問的廠商，再一一的安排時間進行訪問，由於所有老師都是來自管理學院，因此撰寫方式也主要著重在廠商的管理策略。關於企業個案撰寫的模式主要包含四大面向：一、個案公司的介紹；二、個案公司產業現況；三、公司成功關鍵因素；四、公司管理策略。有關個案公司的管理策略是最難撰寫也是在訪談過程當中最難說明的一個區塊，由於每家公司的經營業種不同，所以管理的模組也不一樣。但也因為這樣讓這一本書衝撞更多火花。另外，針對企業社會責任說明，更是突顯出每一家在屏東的企業，他們將他們的社會關懷散佈在屏東每一個角落，它們對屏東的社會關懷、社會服務，讓我們看到這座陽光城市，許多企業在經營成功之後他們奉獻他們的金錢與時間，灌溉這座城市，這部分報導是過往企業個案撰寫較少分享的區塊。

屏東管理學這本書的作者群內每個人的專業不同，如何協助大家報導企業個案，讓每個老師能夠發揮專長，是一種考驗。本書雖然標榜管理學，但是主要是以人為本，在過去六個月當中，參與這本書所有作者，大家在一路摸索學習過程中完成這份工作。一開始我完全沒有想到主編屏東管理學這份工作究竟有多複雜，後來我才發現這項工作的複雜度比起我過去撰寫的書籍還複雜，因為我需要解決的問題很多，就像一家公司在管理過程的複雜度，我們在有限的人力和預算資源下，大家一起努力完成這份工作。

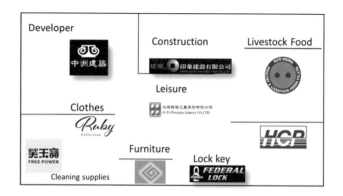

本書分析的企業包括：中洲建設、大田精密工業、國興畜產、秀軒企業、金皇企業、河見電機、安得烈公司、芙玉寶、印象建設等，這些企業不論是在房地產開發、高爾夫球具、頂級運動自行車、畜牧產食品、年輕族群服飾、時尚辦公家具、專業沉水泵浦、世界名牌掛鎖、清潔用品等都是屏東在地企業，也是台灣的隱形冠軍企業，他們的管理哲學、策略，是屏東在地產業管理典範。

台灣經歷百年的新冠肺炎疫情，國與國之間防疫措施迫使很多企業公司進行數位轉型，消費者的使用行為也加速數位化，2020 年全球經濟大幅衰退，創下1930 年全球經濟蕭條之最，全球產業生態體系也產生劇烈翻轉，在這個期間，我們有幸得以將本書順利完成出版，要感謝本書作者群的貢獻以及他們辛苦的採訪編寫個案所花費的時間與精力。希望藉由本書的出版將企業發展的經驗，管理精華散播到屏東、台灣各個角落，本書不足與缺漏之處，懇請各界學術與實務先進不吝惠予指正。

屏東大學不動產經營學系教授

2021.Jan.11

# 目錄

# 第一章

# 中洲建設

/ 賴碧瑩

# 一、中洲建設公司介紹

**公司基本資料**

| | |
|---|---|
| 核准設立日期 | 民國 83 年 10 月 21 日 |
| 公司地址 | 屏東縣屏東市大同路 13 號 |
| 負責人 | 黃啟倫 |
| 員工人數 | 36 人，公司分為管理部、工務部、業務部、客服部、會計部、土開部 |
| 資本額 | 5000 萬 |
| 分公司分布現況 | 旭洲建設、大苑建設、崗洲建設 |

屏東的早晨，陽光高掛在天空，燦爛的陽光一如今天要去拜會的中洲建設一樣，陽光燦爛。這家已經在屏東 28 年的建設公司，永遠散播著陽光給屏東縣，我一進入公司門口，印入眼簾的是公司招牌－中洲建設，招牌上方斗大的 JJ，正是公司英文的縮寫，但是在巧手的設計之下，JJ 變成一個陶甕，

圖 1 中洲建設 LOGO

圖 2　中洲建設－中洲 The One

它與原住民吉祥物陶甕相似，陶甕在原住民眼中是權力與階級的象徵，也是高雅的代表，這個 LOGO 正說明著這家公司的深厚文化底蘊藏在甕裡，也意涵著中洲建設希望能夠將建築精華典藏，將住宅的美發揮到淋漓盡致，正所謂「好酒藏甕中」，歡迎來這住。

我認識中洲建設黃啟倫董事長多年，這還是第一次因為要報導中洲建設專程地前往他的公司訪問他。一踏入公司，黃董事長事長隨和地與我天南地北的聊著這家在屏東數一數二的大建設公司。就像電影的膠捲，讓時光回到公司設立的那一年。黃董事長事長告訴我他因緣際會創立中洲建設，他與許

圖 3　中洲建設案

多創業家一樣，事業草創初期，碰到許多難以克服的挑戰，在 1996 年到 2001 年是台灣房地產市場不景氣時期，尤其是經歷亞洲金融風暴後，台灣的經濟衰退，房地產市場景氣下滑，直到 2003 年下半年，房地產景氣才緩慢地回復。在房地產市場不景氣的時期，黃啟倫董事長採取穩紮穩打的方式經營公司，在民國 90 年代時期，屏東許多的建築設計還未注意到美學的年代，中洲建設已經開啟簡約風格，注意建築美學，並且將城市中以人為本的舒適風格融入建築個案當中，透過扎實的建築工法，嚴選建材，往往中洲建案一推出，即銷售一空，憑藉的是公司的好口碑。

中洲建設最有名的個案是開啟屏東豪宅建築，屏東第一棟豪宅型大樓－中洲 The One，就是他們公司的代表作品。這在過往屏東地區主要以透天厝豪宅為主的市場來說，是一項冒險的嘗試，但是事實證明它們成功的掀起高品質大樓的風潮。

# 二、建設公司市場概況

## （一）建設公司產業概述

據住展雜誌統計，2019 年北台灣（新竹以北含宜蘭）「十大建商」排行榜，第一名至第十名依序為寶佳機構、富宇建設、麗寶機構、華固建設、興富發建設、遠雄建設、冠德建

設、馥華機構、甲山林機構、立信機構等建商。如果以 2019 年台灣建商推案量金額來看，總金額超過 1.5 兆元，推案金額前十大推案建商依序為寶佳、興富發、冠德、麗寶、富宇、遠雄、豐邑、京城、國泰及龍騰等建設公司，其中寶佳機構推案破千億排名第一，號稱「推案王」，第二名興富發建設，第三名冠德建設。這十家建設公司只有京城及龍騰是高雄市建設公司，其他都是數於北台灣建設公司，所以可知屏東縣的建設公司當然推案金額更少。不過熟悉房地產的人士都知道，推案金額多寡這背後主要的原因是因為房地產單價北部幾乎是高雄市的 3 倍以上，是屏東市幾乎 5 倍以上。

## （二）建設公司開發方式

建設公司開發方式包括不動產的規劃設計、興建施工及銷售業務。建設公司因為規模不同，因此開發方式也會有所差異。

### 1. 自行開發方式

建設公司如果採取自行開發方式，此時公司將主導整個開發計畫，包括規劃設計、建築施工以及銷售，有的人把這種模組稱為一條龍的開發方式。自行開發的優點在於建設公司可以完全主導開發決策，享有完整開發利潤，但也必須承擔完全的風險。

## 2. 合作開發方式

建設公司如果與機構合作開發，即為合作開發方式。此時建設公司提供資金與技術，機構提供土地或是部分出資。合作開發的優點在於分擔自行開發的投資風險及技術需求，尤其是大型土地，一般擁有的機構多數會以合作開發方式進行投資，例如黑松公司與三僑合作開發的「微風廣場」，富邦建設集團與誠品合作的松菸文化園區。

## 3. 合建方式

即由地主提供土地，建設公司負責規劃興建之合作方式，如目前台肥與華固建設合作之住宅開發案、台北市政府的捷運聯合開發案件、或是一些小地主與建設公司合作開發模式等。雙方在興建完成後，依據雙方約定合建契約，分配建築物面積，一般在開發建築後，以出售方式處分之不動產或是採取地主保留戶方式留存其合建後分配面積。

## 4. 設定地上權方式

地主不參與土地的開發及營運管理，而將開發權以出租或設定地上權方式移轉給他人出資興建，如台肥設定地上權予中國信託之土地、台汽設定地上權予潤泰建設開發中崙大樓、台北市政府設定地上權予台北金融大樓股份有限公司開發台

北 101 等。目前國內政府單位所擁有公有土地多數採取這種方式開發。

建設公司是一個高度專案導向的行業，其工程生命週期自公司的營運決策、選地、規劃、設計、發包、施工到銷售、交屋、維護管理等，這些階段的工作通常隸屬於不同部門，但各部門的任務彼此之間又緊密互相扣合。這種分工管理模式，每個階段及計畫之間都必須不斷檢驗其品質及落實達成的程度。越大的建設公司分工越細，越小建設公司則是一人包辦多項工作。以大型建設公司來說，多數有完整的 ISO 流程，每個部門所有的作業程序及權責都非常的清楚。所有擬定的作業程序，也會定期經由專案檢討、召集各個專案負責人簡報或自動收集相關的資料，進一步了解各部門或專案負責人是否有依循 ISO 流程標準執行。無論是管控、記錄、回報、追蹤、分享、稽催、統計的資料，都可以透過有系統方式記錄與管理，以作為新案參考依據，並提供解決管理對策。

# 三、屏東房地產產業市場分析

## （一）產業市場現況

根據財政部統計屏東縣營利事業銷售額，屏東縣 2018 年成長最快的是不動產業，全年銷售額 74 億 6,181 萬元，相較 2017

年 57 億 6,861 萬元，成長達 29.35%，居所有行業別之冠，成長第二名為 15.21% 的營建工程業。如果由土地增值稅收來看屏東房地產市場交易，2019 年屏東縣土地增值稅收 17 億 4,857 萬，較前一年度 14 億 2,333 萬，大幅成長 22.85%，2019 年收件數為 32,847 件，較 2018 年收件數 30,254 件，增加 2,593 件。從這些統計資料不難看出，屏東縣房地產市場的活絡交易。屏東在這幾年之所以交易蓬勃，這得歸功於屏東縣政府多項重大建設計畫推動有關，這當中包括有：高鐵南延屏東交通建設計畫、六塊厝產業園區、高雄榮民總醫院屏東分院新建等。當然這幾年屏東不論是燈會活動、屏東全中運，在在都讓屏東在台灣的曝光度增加，自然而然吸引到民眾考慮落腳此地。

## （二）產業市占率狀況

屏東房地產市場近年來在興建型態有明顯的變化，因為營建成本、地價高、人口結構改變，促使屏東房地產市場風貌持續的改變，尤其是屏東市的建物型態已經逐漸由透天厝變成五樓電梯華廈與大樓。

**表 1 屏東縣不動產開發商業同業公會 2019 年建築產品型態分析**

| | 建案個數 | 透天厝戶數<br>總計 | 大樓／華廈<br>總計 | 旅館戶數<br>總計 | 店鋪戶數<br>總計 |
|---|---|---|---|---|---|
| 屏東市 | 52 | 232 | 512 | | |
| 九如鄉 | 18 | 109 | 24 | | |
| 內埔鄉 | 24 | 113 | 41 | | |
| 竹田鄉 | 2 | | | | 10 |
| 車城鄉 | 1 | 6 | | | |
| 里港鄉 | 13 | 76 | 48 | | |
| 佳冬鄉 | 2 | 10 | | | |
| 東港鎮 | 17 | 30 | 238 | | 14 |
| 枋寮鄉 | 3 | 23 | | | |
| 林邊鄉 | 3 | 7 | | | |
| 長治鄉 | 15 | 62 | 126 | | |
| 恆春鎮 | 4 | 16 | 19 | | |
| 崁頂鄉 | 3 | 22 | | | |
| 琉球鄉 | 1 | | | 3 | |
| 高樹鄉 | 1 | 8 | | | |
| 新埤鄉 | 1 | 7 | 5 | | |
| 新園鄉 | 4 | 18 | 40 | | |
| 萬丹鄉 | 15 | 59 | 30 | 2 | 11 |
| 潮州鎮 | 31 | 144 | 92 | | |
| 麟洛鄉 | 5 | 13 | 11 | | |
| 總計 | 215 | 955 | 1186 | 5 | 35 |

根據表 1 屏東縣不動產開發公會所提供的 2019 年開工資料顯示，2019 年一整年的推案個數有 215 個，總戶數 2,181 戶，透天厝戶數占比 43.87%，大樓／華廈戶數占比 54.37%。

**表 2 屏東縣不動產開發商業同業公會 2019 年建設公司推案比率分析**

| | 總樓地板<br>面積 (m2)A | 總工程<br>造價 B | 總樓地板<br>面積市占率 (A/T1) | 總工程造價<br>市占率 (B/T2) |
|---|---|---|---|---|
| 中洲建設 | 24983 | 163565715 | 7.34% | 9.03% |
| 印象建設 | 10893 | 56409490 | 3.20% | 3.11% |
| 居德建設 | 9386 | 52007254 | 2.76% | 2.87% |
| 廣鍵建設 | 7693 | 38973202 | 2.26% | 2.15% |
| 磐京建設 | 7663 | 39128316 | 2.25% | 2.16% |
| 東南資產 | 7546 | 38090452 | 2.22% | 2.10% |
| 秀吉建設 | 7532 | 38307850 | 2.21% | 2.11% |
| 德冠建設 | 6765 | 40719465 | 1.99% | 2.25% |
| 其他建設 | --- | --- | 0.05~1.9% | 0.05~1.9% |
| 總計 (T1-T2) | 340,522 | 1,811,688,098 | 100.00% | 100.00% |

從表 2 的統計資料可以看出，中洲建設的推案樓地板面積及總工程造價在屏東縣 33 鄉鎮來說，其所占的比率都是最高，幾乎是其他同業的 3 倍甚至是 10 倍以上。

# 四、中洲建設公司關鍵成功因素

中洲建設公司成功的關鍵因素主要來自於對建築個案品質的堅持。黃董事長事長認為建築沒有退路，對於房子的完美要求是一種對客戶的尊重。秉持這樣的理念，公司在興建個案時，在每個建築的環節細節上相當的講究，也堅信在屏東房地產市場，有這麼一家公司可以讓買屋的人感受到購屋的心

靈喜悅，讓客戶可以心動的人文建築個案。所以公司在屏東經營 28 年，不斷地運用新的建築工法在營造品質上。黃啟倫董事長知道土地一旦購買就不能回頭，因此，如何設計出適合屏東地區的建築產品，將綠能永續的觀念納入，往往在購買土地的當下就已經決定。

黃董事長相信以誠信為根基，可以拉近人跟人之間的距離，如何創造幸福的居家環境是一家建設公司應該有的想法。除此之外，黃董事長也不斷地告誡公司二代、公司員工須有務實的處世態度。

如果說中洲建設的影響力，我相信在屏東地區它是最重要的建設公司，也因為這樣的影響力，使得中洲建設責無旁貸要對住宅做出更積極正面影響，因此黃董事長事長對於他們公司所設計出來的建築設計作品，除了能夠滿足客戶需求，也希望能夠達到環境保護，善盡公司在地球的社會責任。

## （一）一條龍服務

從購地、規劃、銷售、簽約、變更、施工、交屋到售服，一條龍服務的概念一直都是中洲建設的關鍵成功因素。其次，「誠信」是公司在經營品牌所堅守的核心價值。

重視每一個住戶通風採光，讓環境綠美化整合節能減碳，同

時又能利用太陽能光電系統減少住戶用電費用，這些都是公司推出建案可以廣受喜愛的主要原因。

## （二）永續經營

對中洲建設來說，從建設開始都是抱著「以自己要住的心去蓋房子」的想法，多年來這已經不是一句口號，而是公司堅持的信念，尤其是客戶託付給中洲建設往往是一生的心血與積蓄，更是需要謹慎面對。所以「品質大於效率」，以不趕工的施工方式進行是這家公司的做法。公司的經營理念是從設計規劃就開始，過程中從施工品質要求，到交屋後對住戶的規範，目的是希望保持建物的雋永價值，讓公司與客戶可以共同創造雙贏局面。此外，建案施工當中難免對周邊鄰居造成困擾，中洲建設透過敦親睦鄰方式化解困擾，協助周邊鄰居將環境美化是關鍵因素。

## （三）客製化服務

量身訂作客製化服務是另一項成功關鍵因素。一般的消費者購買房屋後，多多少少都會想要在屋內進行個人的設計，例如磁磚廚具的樣式、插座數量、室內格局的變更、無障礙空間等等，針對這些中洲建設因此成立一個團隊，專門替客戶做可變更項目的諮詢與服務，在客戶變更前會提供房屋的平面傢配圖、水電圖、冷氣圖給予客戶，讓客戶可以清楚地了

解要變動的平面概況。這種「以客為尊」的方式在房地產界算是少數的，因此許多客戶購買中洲建設房屋後再次回購的機會大大的增加。

除了專門團隊替客戶提供客戶變更設計諮詢外，公司也會主動通知客戶，挑選室內地磚顏色、廚具顏色，讓購屋者有參與感，也可以依照買家的裝潢需求來打造夢想的家園，減少日後室內裝潢的變更費用。

## （四）自售不委代銷

一般大建商多會請廣告公司、跑單人員代銷，但中洲一直都是自售，不委託他人銷售，採用無業績獎金打團隊合作的方式，讓客戶享受到親切專業的服務，而不是花俏的銷售手法，讓客戶買的心甘情願。

## （五）售後服務口碑

大多數建設公司交屋後，就不再與客戶有連結。但是基於在地產業的深耕考量，如何讓客戶可以在需要公司服務時，可以找到建設公司，中洲建設公司提供 24 小時即時報修系統，甚至提供 3 年固定設備保固、5 年防水保固、20 年結構體保固、工程履歷，種種的售後服務，是希望讓客戶可以買的安心、住的放心。

# （六）員工在職教育訓練

員工是公司的資產，要提供好的品質，就必須要有好的員工，因此提供員工不定期教育訓練，是這家公司的另一項關鍵成功因素。為了讓員工了解房地產產業發展趨勢，中洲

**表 3 中洲建設公司歷年推出的建案名稱**

| 西元年 | 名稱 | 西元年 | 名稱 | 西元年 | 名稱 |
|---|---|---|---|---|---|
| 2002 | 縣府經典 I | 2006 | 新都心・2 部曲 | 2016 | 中洲誠品 III |
| 2002 | 縣府經典 III | 2006 | 中洲誠品 III | 2016 | 中洲 THE ART |
| 2003 | 縣府名店 | 2007 | 大興名店 | 2017 | 中洲 THE ART II |
| 2003 | 縣府名店 | 2007 | 中洲一宅 | 2017 | 拾光居 |
| 2003 | 和平雅築 | 2007 | 中洲一品 | 2018 | 發現中洲 |
| 2003 | 博愛名店 | 2007 | 中洲翰林 | 2018 | 中洲木心 |
| 2003 | 中洲誠品 I | 2008 | 中洲領袖 | 2018 | 拾光居 II |
| 2004 | 中洲・新都心 | 2010 | 當代中洲 | 2019 | 中洲種子學 |
| 2005 | 中洲歌德 | 2010 | 大器中洲 | 2019 | 中洲種子聖殿 |
| 2005 | 中洲富麗 | 2013 | 大苑・居 | 2019 | 大器中洲 V |
| 2005 | 中洲・新又興 | 2014 | 大器中洲 II | 2020 | 潮・中洲 |
| 2005 | 海豐金店 | 2015 | 大器中洲 III | | |
| 2006 | 成功名店 | 2016 | 中洲 THE ONE | | |

建設會聘請業界專家進行授課，唯有透過不斷地檢討學習修正，讓員工進步，公司才能夠永續經營下去。公司的網站也積極地提供社群媒體訊息，讓員工隨時了解房地產界、公司、客戶等的動態。

# 五、中洲建設公司管理策略

## （一）策略計劃與決策過程

### 1. 經營策略

房地產開發可以區分為規劃、營造及售後服務。

(1) 規劃：對於格局、建築立面非常重視，有時幾乎定案的平面仍會多次修改。

(2) 營造：重視房屋安全性，在消費者看不到的地方，例如鋼筋綁扎、混凝土選擇也都特別要求，從無到有，每個階段會製作建築履歷。

(3) 售服：在通訊軟體有專屬即時報修帳號，以報表追蹤維修進度。

### 2. 行銷策略

(1) 產品規劃：產品定位。

(2) 價格規劃：以預售屋、結構中、成屋階段式開價。

(3) 通路規劃：設立接待中心及媒體企劃推廣。

(4) 形象規劃：建案屢獲國內外獎項肯定（建築園冶獎 9 座、德國 iF 設計獎、紐約設計獎、柏林設計獎、巴黎設計獎）。

## 3. 決策過程

公司採取跨部門溝通方式，研討出最佳建築開發方案。

## （二）資源分配

## 1. 專業分工 - 人力資源

(1) 管理部：分為採發課及設計課，處理規劃設計及發包。

(2) 工務部：處理現場施工品質及安全把關。

(3) 業務部：又分為銷售課及行政課，專門處理銷售簽約客變至驗屋。

(4) 客服部：處理交屋及售後服務。

(5) 會計部：處理財務及稅務規劃。

(6) 土開部：處理土地開發規劃。

## 2. 財務資源

建設公司最重要的財務工作就是如何穩健地保持財務平衡，因此公司的會計部門對於財務報表、稅務規劃工作都是直接向董事長彙報。

## （三）多角化與業務組合策略

公司除了興建房地產外，這幾年也開始投資飯店業、餐飲業、史坦利國際傳媒，經由多角化經營方式讓企業版圖得以擴張。此外，透過媒體拍攝偶像劇，將好的建築個案予以行銷出去，也是公司目前所採取的經營策略。

## （四）企業社會責任策略

公司坐落在屏東，深耕屏東、認同屏東是公司的基本核心。因此黃董事長事長認為取之於社會、用之於社會。對於屏東所需之資源，經常都是大力相挺。例如：2019年台灣燈會及國慶煙火，公司除了提供接駁車外，與乖乖食品合作製作中洲建設乖乖；另外，2020年捐贈百萬防疫物資給與屏東縣政府，協助防疫工作也是對社會的一種回饋。

# 參考文獻

1. https://www.jjhome.com.tw/%e9%97%9c%e6%96%bc%e4%b8%ad%e6%b4%b2/

2. https://www.twincn.com/item.aspx?no=89265664

3. https://www.etax.nat.gov.tw/cbes/web/CBES113W1_1

4. https://findbiz.nat.gov.tw/fts/query/QueryList/queryList.do

---

作者簡介

## 賴碧瑩 教授

現任國立屏東大學不動產經營學系教授，曾任不動產經營學系主任、技術研究發展處處長。曾經擔任營建署都市計畫委員、地政司土地徵收委員；環太平洋不動產學會（PRRES）理事長，高雄市區域治理學會理事長等職。

# 第二章

# 秀軒事業

/ 潘怡君、劉毅馨

# 一、秀軒事業公司

## 公司基本資料

| | |
|---|---|
| 核准設立日期 | 民國 91 年 |
| 公司地址 | 屏東縣屏東市瑞光路三段 120 之 1 號 |
| 負責人 | 洪怡芳 |
| 員工人數 | 26 人，公司分為管理部、品牌企劃部、業務部 |
| 資本額 | 1000 萬 |
| 分公司分布現況 | 台北總公司、屏東分公司 |

秀軒是一家在屏東市的女裝品牌公司，公司成立於 2012 年，該公司在網路零售通路享有聲譽。公司主要的服裝品牌以日系浪漫風格為主。在秀軒公司的網站中，更是明顯的展現出將客戶當成公司的公主的態度，讓在高度競爭的網路電商中，秀軒可以走出一條不一樣的路。秀軒公司洪怡芳董事長認為她們要做台灣的甜美浪漫風格女性品牌第一名的電子商務，在台灣的女性年輕族群，不僅具有自主經濟能力，同時也勇於展現自己的穿衣風格，所以她們評估過後，認為「露比午茶」在女性服裝區塊將更具有市場競爭力。

目前公司主要消費者是 25~37 歲，具自主經濟能力的女性。公司除了經營台灣通路外，也開始開拓日本、馬來西亞、香港、越南、印尼等海外市場。公司從網路起家，嫻熟型塑熱銷服飾。隨著海外市場拓展，公司將重新優化品牌識別度，並且透過包裝讓「Ribbon Your Life 為生活繫上優雅」的品

牌使命真正能夠達成。秀軒公司希望所販售的服飾商品,能夠讓購買的顧客體現優雅、獨立、自信的「Miss Ribbon 蕾本小姐」。也因為這樣的想法,消費者對於露比午茶的評價頗高,而這個優勢正是秀軒公司朝向亞洲最大服飾品牌的利基。

## 二、秀軒公司市場現況

目前露比午茶台灣線上通路包括品牌官網及雅虎商城。隨著跨境電商成為網路銷售新趨勢,具備高度市場敏感度的露比午茶,在國內市場奠定根基後,進而成為國內投入跨進電商服飾品牌的先驅,於 2014 年開始經營香港市場,透過代理商進駐 ZALORA、MyDress 等平台;2017 年進軍日本,陸續

圖 1　露比午茶公司經銷地圖分布

在日本平台 SHOPLIST、樂天開設品牌館，每月營業額已達 700 萬日幣，總造訪人次超過 40 萬人，並持續成長中；2017 年底亦於馬來西亞建立自營海外官網；2018 年進入越南市場；2019 年底進入泰國市場。現今為止，海外銷售占總銷售額的 15%。考量服飾產業季節性劃分較為鮮明，目前境外採取半買斷合作模式，由露比午茶提供一定的採購折扣比例、品牌素材、商用素材，由境外合作廠商負責廣告及落地運營。海外各市場份額為日本 80%、馬來西亞 8%、香港 8%、其他 4%；由此可見，亞洲女性消費者對於品牌之獨特風格，均有一定程度的接受與認同。

# 三、秀軒公司關鍵成功因素

## （一）數據化管理公司提高品牌黏著度

就電子商務經營的策略來說，會員經營力、品牌力、數據科技力是主要的經營策略，任何一家公司經營電子商務，必須要善用大數據及數位科技媒體，透過這些數據分析，將公司有限的資源做最有效地配置。尤其讓曾經在露比午茶購買過的消費者願意再次的回購，是秀軒經營策略的主軸。公司長期以來，對於所有的行動都做精實的追蹤，希望將這些數字轉換成為績效，讓公司每個部門都能對每個分析結果採取相對應的行動，並且透過數字來進行溝通，讓公司跨部門溝通

沒有障礙。露比午茶團隊透過看數字、寫周報，找出對客戶及營運的心得，雖然花了很多時間，但這幾年藉由把數字當成客戶來相處，發現不同的結果，公司業績也因此成長許多。

## （二）擅用客戶管理關係及客戶數據平台

露比午茶 2019 年開始運用 CRM 自動化廣告投放系統開發顧客資料管理系統（簡稱 CDP，Customer Data Platform）。這套顧客資料管理系統的平台，具備能夠將網路顧客瀏覽主

圖 2　CDP 實際畫面（上圖）直覺式拖拉介面、自動化排程設定

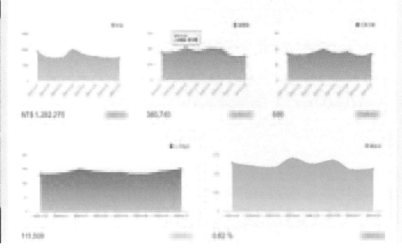

圖 3　儀表板

機與紀錄，同時又能夠隨時將曾經買過露比午茶的顧客予以自動化分類，這樣的方式將有助於公司的業務及廣告的宣傳。除此之外，CRM 還可以根據時間序列進行多重排程，讓廣告的投放變成自動化的方式；透過廣告自動化投放的方式，了解各種廣告的成效。經過實測，CDP 帶來之再行銷廣告投資報酬率（ROAS），有助於露比午茶降低廣告投放成本，增加營運競爭力。

## （三）堅持品質品質

公司對於品牌品質相當的堅持，眾所皆知，露比午茶產品有很多「公主系」夢幻風格服飾。服裝產業的行銷包裝相當仰

賴模特兒、攝影師，而這兩項的行銷成本非常的高。公司為了堅持每一件設計出來的衣服都要符合夢幻風格，又不願意因為壓低成本而大量生產，導致消費者撞衫、失去品味。因此在服飾的配件上，例如珠珠、亮片、蕾絲等的設計與製作、布料的採買與剪裁、服飾成品的小量生產、與生產工廠溝通等，往往要花費很多時間與金錢。這是洪怡芳董事長對於公司品牌品質的堅持。

## （四）官網的優化

因為現代人使用手機購物的比例大幅增加，露比午茶特別優化手機版的官網，簡化網頁的操作過程，使在手機的整體畫面及顧客消費旅程更加清楚；而在加入會員的部分，能直接與 Facebook 或 LINE 連動，減少填寫會員資料的麻煩。

## （五）會員經營力

露比午茶公司分別於 2013 年、2015 年與 2016 年獲得數位時代的最佳人氣網路賣家的榮譽，由於公司的女性服裝，深受女性消費者的喜愛，所以讓公司獲取最佳人氣的獎項。

公司的 Facebook 粉絲專頁至今有超過 30 萬名粉絲追蹤；LINE 官方帳號也有 39 萬有效會員數；另外在 Instagram 上也有 1.3 萬粉絲。一家電商如果想要在市場保持競爭優勢，

必須具備三個要素：會員經營能力、品牌力、數據及科技力。露比午茶自 2015 年建立這些官網以來，會員人數就不斷增加，因為擁有廣大的會員人數，也為公司帶來營運上的優勢。

表 1 露比午茶網站使用人數統計

| 項目 | 截至 2020 年 7 月 19 日統計 |
|---|---|
| 官方網站註冊會員數 | 142,582 |
| Facebook 粉絲數 | 308,936 |
| Line 有效會員數 | 395,265 |
| IG 追蹤者數 | 13,000 |

## （六）致力經營線下活動經營

由於網站經營模式是一種虛擬的網路銷售活動，如果讓購買的女性消費者直接接觸到公司的衣服商品，讓虛擬的空間變成實體的商品銷售，將更有助於顧客對於商品的了解，因此露比午茶也會致力於線下經營，公司固定時間會到百貨公司舉辦展售會，展售會的目的是要讓消費者實際的感受到公司所販售的衣服的品質，以及衣服的樣式，甚至讓顧客有機會可以試穿，此種線下的活動大大的提高公司的販售能力。

以前露比午茶一年大約只有 3~5 場的展售會，主要是到台北及高雄的百貨辦活動。目前除了在台北有實體門市外，展售會一年大約有 20 場以上，且展售會地點也逐漸地擴展，目標是希望未來有機會拓展到每個縣市。因為品牌的傳達，透過

活動可以更快傳達出去，把理念深植顧客的心中，直接與顧客面對面聊天，培養顧客黏著度。

## （七）異業合作

積極發展與不同產業合作的機會，廣度的部分曾與薄蕾絲、果物配、凱莉小姐蛋糕、愛創造、ALUXE 鑽石、BOSCH 家電等擦出新火花；在門市及展售會也有配合政府的政策推出振興券的優惠活動。而深度的部分，露比午茶與三麗鷗聯名，並於 2018 年獲頒三麗鷗台灣最佳設計獎，得到這份殊榮，讓露比午茶對自己的產品開發能力更具信心。未來則有機會與迪士尼一起合作。

# 四、秀軒公司管理策略

## （一）策略計劃與決策過程

秀軒公司的管理策略包括：社群經營、跨境行銷、平台整合、會員認同四大面向。

### 1. 社群經營

除了露比午茶自家本身的官網，在 Facebook 有粉絲專頁跟 VIP 社團，透過直播及 VIP 客戶的貼文，能更直接的了解顧

客的想法，也能利用留言的方式解決顧客的問題。另外，也有 Instagram 及 LINE 的官方帳號以社群行銷的方式，在第一時間直接傳達活動消息和推播新品資訊給所有大眾。

## 2. 跨境行銷

公司積極的參加國際展覽，找尋適合的代理商來協助目標市場開拓，例如：2019 年公司參加日本東京時尚產業展（FASHION WORLD TOKYO 2019 秋季展）。日本是世界流行文化的發送地，民眾對於蕾絲、蝴蝶結、繁複做工的服飾喜好度高，這點與公司品牌風格一致，因此公司在 2017 年進駐 SHOPLIST 平台、2020 年在樂天市場開店，短短半年內，每週營業額已達 100 萬日幣，明星款紗裙更擠進平台數十萬件商品中熱銷排行前 50 名內。

## 3. 平台整合

公司資訊管理後台的兩大管理系統 EC 跟 ERP 的資料都是互相串流而成的，各平台的庫存量都能夠即時更新，同步官網跟門市的會員資料、消費紀錄一併更新，讓線上、線下活動整合，消費者可以依照平常購物習慣消費，降低消費者的購物阻力。

## 4. 會員認同

公司樂於舉辦線下活動，讓會員能夠直接面對面與公司溝通，同時也將公司想表達的理念，透過會員活動讓顧客了解，藉此讓顧客對於品牌的忠誠度提高。

## （二）策略制定與實施

就一家電子商務公司來說，露比午茶的優勢就在於掌握數據，並且將數字轉化為管理。在公司每週舉行的會議，營運部門必須先行整理各種報表，讓其他相關單位可以獲得營運數字，公司的小編、企劃、商品部門也要看懂所有數字。洪怡芳董事長以「祕密花園」著色本為例，該書是先有繪圖框架，讓每個人塗起來都很好看，其實採購就像繪本框架，公司每一季都會先將公司產品予以分門別類，並且跟營運部門的銷售數字進行比對，比對後會得出消費者需求數字，如此一來，網路上即將販售的衣服、洋裝、褲子、外套數量一清二楚。

另外還要做商品分析，如 V 領、圓領、襯衫領，加上版型、袖型、布料、工藝、價格帶交叉分析，知道大多數消費者喜歡哪一類，哪一類賣出的數量超過進貨。到了下個年度，便會參考去年同時期的數據進行採購，透過自己在供給和需求上的比較，把商品規格建立起來。

網路女裝拍賣屬於快時尚，因此公司對於新品的依賴度頗

高，如果以 90 天的銷售期來說，新品銷售的前 14 天，它的銷量會占到 1/3，剩下的 75 天才大約是 2/3，因此網拍前兩週是黃金期。黃金期主打的商品非常重要，以前沒有導入數據分析時，公司網站、小編、企劃、廣告等四方會各自找最喜歡的款式，造成資源的分散。目前的做法是商品拍照後，由商品部選出 6 種推薦款。這 6 款有沒有符合市場需求，往往 1 ～ 2 天就可以由消費者的反應得知，當每週四上架後，隔週，公司團隊就會分析首四日 6 款商品銷售報表。

當公司將商品分組後，在開始銷售的前四日，所有人將針對力推潛力商品組，當一樣商品花費 1,000 元行銷，30 樣需要 3 萬。倘若行銷預算是 3 萬，這時公司如果只是主打 6 樣商品，換算下來每樣商品有 5,000 元行銷費用，而且這 6 樣要是消費者已經幫露比午茶篩選的。透過這個策略，公司業績就可以大幅成長。洪怡芳董事長表示，這樣的方式是要讓團隊中的所有人做一樣的事，讓公司推薦款的命中率提高。

露比午茶把新品的瀏覽數和長賣爆款的瀏覽數據抓出來分析，發現許多熱銷品雖然瀏覽數只有新品的一半，但平均瀏覽數除以下單數，竟多達兩倍以上。數據告訴公司，不一定要主打新品，應該要主打成交率高的商品，讓廣告投資報酬率提高。

公司的數據思考並非單一面向，公司過去會用單檔活動來促

銷業績。現在轉換成人群思維。由於每個消費者並非都等值，因此如何精準行銷是公司透過 CDP 資料管理平台，將顧客的資料、軌跡、購買資料和購物車運用 CDP 平台，串接 LINE 官方帳號，使得消費者在官方帳號的點擊、瀏覽行為都可以上傳到 CDP，並且篩選出一個「NASLD」模型。所謂「NASLD」模型是指 N（New- 新客戶）、A（Active- 活躍客戶）、S（Sleep- 曾經活躍但半年到一年之間沒有回購）、L（Lost- 單客戶半年到一年之間沒有回購）、D（Dead- 一年以上沒有回購）。

這種以人群思維的模式固然重要，但是畢竟這是落後指標，需要等待活動或行為過後才能看出結果。因此公司現在正在發展運用的是 PV（Page View）來區分客群的領先指標模式，透過 PV 將客戶分類為「FIRE」（Fresh, Ironic, Remote, Escape）。由於 PV 是消費者下單的決策點，PV 與業績貢獻度有極大的正向關聯，因此善用 PV 可以預測銷售

| FIRE 與 NASLD | | |
| --- | --- | --- |
| | FIRE 客戶行為指數 | NASLD 銷售指數 |
| 指標特性 | 以客戶的站內行為模式分類，為銷售的領先指標 | 以客戶的行為為模式分類 |
| 數據來源 | 同一客戶在網站上的數據行為，包括回訪次數、單次頁面瀏覽數等 | 同一客戶在網站上的購買數據，包括買客單價、購買頻率等 |
| 主要效益 | 針對網站瀏覽行為的客人，進行個人化行銷架構，也可以作為改善使用者體驗參考數據 | 購買客戶購買行為標籤分類，進行精準行銷 |

行為，這是露比午茶領先業界的秘密武器。

## （三）策略控制

公司針對數據變化會予以留意，若有任何異常，不論好壞都會立刻了解情況。當出現不好訊息，會即刻做改正並檢討疏失。數據除了可以讓公司知道管理健康與否，還具有下列優點：

### 1. 溝通簡單

一般管理策略習慣用語「我覺得」，這在溝通策略上既主觀又費時，如果改用數字溝通，不僅客觀且可以節省時間。

### 2. 衡量容易

多數公司在決策時必須要面對的問題，包括廣告預算、產品定價、促銷、預算等。當母親節節慶來臨時，公司同仁頻頻詢問「是否對全部會員行銷，拉高母親節業績？」洪怡芳董事長覺得對所有會員行銷對業績效益不高，但抱著姑且一試的心情，用 LINE 發出 9,850 人簡訊，接著再發出 394,205 人簡訊。結果第一次推播的內容，帶來業績 660 單，第二次多發了近 30 萬會員的內容，僅有 1,271 單。於是迅速衡量出，不分青紅皂白的推播全會員，可能不是適合公司的方式。以

前公司的新進員工,幾乎每位都會扮演糾察隊,將競爭者商品的價格截圖給董事長了解,並說明相關業者競品與公司產品價格的差異。此時,洪怡芳董事長會拿出產品價格與業績占比分布圖,讓員工了解價格最低的產品,其實銷量最少。洪怡芳董事長堅信消費者不會嫌您貴,而是會嫌您的產品沒有價值。

### 3. 管理方向一致

經由數據產生的主打商品對業績有所幫助,這時公司各個部門自然會往同一個方向努力,認同數字對於業績管理的幫助。有關公司管理模式有下列幾項特色:

#### (1) 商品部負責預測

商品部必須要從所有新品中,挑選最可能的賣品,接著由相關部門負責主打,提供業績。

#### (2) 銷售首四日業績

銷售首四日業績幾乎決定該產品 80% 的貢獻度,而且可以看出什麼是爆款、什麼是差品,因此業務部門必須針對首四日業績提出各式報表。

## (3) 甲乙丙丁報表

公司將瀏覽數、轉換率多寡的產品予以分成甲、乙、丙、丁
四個報表：

· 甲：瀏覽數高，轉換率高。即爆款，公司所有部門全力主
打。

· 乙：瀏覽數高，轉換率低。即預測錯誤的品項，但仍可用
以導流。

· 丙：瀏覽數低，轉換率高。即遺珠，公司所有部門全力主
打。

· 丁：瀏覽數低，轉換率低。即差品，賣了不補，避免囤積
庫存。

## (4) 容易複製

數字是一種框架，讓即使是白紙的新人，也能快速知道他該
怎麼思考。例如公司採用的 NASL 模型，可以讓新進同仁迅
速地了解每個顧客不同重要性。這種模式因為容易複製，因
此新進同仁能夠快速上手，避免因為人員異動產生的交接困
擾。

## （四）多角化與業務組合策略

公司所傳達的理念是優雅生活，希望能滿足消費者一站購足

的需求，不只服裝，各種飾品配件、生活雜貨等，也都包含在公司的產品裡面。與不同品牌但跟公司有共同理念的企業異業合作，一起向大眾傳達公司的想法。像是公司目前也正準備籌畫一場活動，與十個理念和公司相符的品牌共同舉辦一場結合雙方顧客的鐵粉活動，一起傳遞精緻優雅的生活及增加曝光度。

## （五）公司未來的挑戰與策略

### 1. 公司的挑戰

剛開始成立這個品牌只是為了業績，公司並沒有深切體認並展現令人感動的品牌價值，少了與客戶緊密的情感聯繫。洪董事長了解品牌建立的重要性並且開始執行，但是要打破身分認同這件事，讓公司花費了許多時間。舉例來說，一般人提到公主時，多數聯想的是公主病或是嬌滴滴的女性，隨著海外市場的拓展，公司需要有更完善的傳播定位與識別應用系統，藉此傳遞品牌形象。

### 2. 策略

公司為了增加與客戶更直接的互動，利用社群網站，例如Facebook 社團，以及各種不同的線下活動，希望讓客戶對公

司更具信心，讓品牌的形象及定位更為清楚。

## 3. 品牌蛻變的成果

秀軒公司應用嶄新的傳播定位及形象，努力邁向國際最大優雅浪漫服飾品牌，因此注重如何強化與消費者的情感連結，打造可走入心扉的有感品牌。外表甜美跟其能力是可以並存的，公司建立「女人，可以穿著夢幻，但絲毫不影響她的能力表現」典範。近幾年，顧客消費金額變高且退貨逐年降低，透過包裝設計、意識的傳達等方式，建立起品牌形象及增加品牌的定位與辨識度。

## （六）企業社會責任策略

公司從草創至今，也開始思考如何回饋社會，藉由參加講座上課的方式把所學的知識分享。秀軒公司也與學校合作，提供學生實習的機會，為培育年輕人盡一份心力。

# 參考文獻

1. https://www.rubys.com.tw/column_content.php?column_content_sn=276
2. https://www.ettoday.net/news/20191004/1549544.htm
3. https://m.facebook.com/story.php?story_fbid=3269823113035697&id=207591549258884
4. https://aoh0816.pixnet.net/blog/post/357053591-%28%e4%b8%8b%29-%e5%a4%a7%e7%9b%b4%e5%85%b8%e8%8f%afdenwell-sky-1-%cf%87-%e7%92%90%e9%9c%b2%e9%87%8e%e7%94%9f%e6%b4%bb-%e2%96%8e%e6%b4%be%e5%b0%8d
5. https://branding-now.com/martech/martech-data/rubys-collection-big-data/
6. https://m.facebook.com/story.php?story_fbid=10223966400694848&id=1442496824
7. https://www.storm.mg/stylish/340480
8. https://www.tesa.cc/posts_context/538
9. https://medium.com/@jason24448693/%E8%87%AA%E5%AE%B6-%E5%93%81%E7%89%8C%E9%80%9A-%E6%8E%A1%E8%A8%AA-%E9%9C%B2%E6%AF%94%E5%8D%88%E8%8C%B6-%E8%A6%BA%E5%BE%97%E7%B2%BE%E9%87%87-%E8%B7%9F%E5%A4%A7%E5%AE%B6%E5%88%86%E4%BA%AB-f2f67bbb6177
10. https://blog.cloudmax.com.tw/you-never-thought-of-successful-entrepreneur-behind-data-management/
11. https://branding-now.com/case-study/ruby-collection/
12. 本文感謝國立屏東大學國貿系黃郁清、林羿妏協助資料搜集。

**作者簡介**

# 潘怡君　副教授

現任國立屏東大學國際貿易學系副教授兼系主任，曾任管理學院副院長，與越南多家台商簽訂企業海外實習合作。

# 劉毅馨　副教授

現任國立屏東大學國際貿易學系副教授，與多家中小企業簽訂跨境電商產學合作。

# 第三章

# 河見電機

/ 李國榮

# 一、河見電機工業公司介紹

**公司基本資料**

| | |
|---|---|
| 核准設立日期 | 民國 68 年 3 月 1 日 |
| 公司地址 | 屏東縣屏東市加工出口區經建路 33 號 |
| 負責人 | 方柏宜 |
| 員工人數 | 220 人 |
| 資本額 | 2 億 6000 萬元 |

河見電機工業股份有限公司成立於 1979 年，經 41 年成長，為台灣重要沉水泵浦製造商之一。河見自創業開始即以沉水泵浦為主要產品，積極致力於流體技術、節能機械發展，公司全體員工在泵浦領域上辛勤耕耘，以提升機械工業水準與提高顧客的滿意度為目標，以提供高品質、低耗能的產品為職志。河見泵浦廣泛使用在各個領域，從小型簡易排水、農業灌溉、水產養殖、建築工地、工廠污廢水、污水處理廠、抽水站和採礦排水，有水的地方，就有河見泵浦。在公司不斷前進擴張下，目前河見的沉水泵浦銷售到歐美亞 60 多國，贏得國內外客戶高度評價，已在該產業占有一席之地。河見公司經營理念：「堅持品質，持續改善，客戶滿意」，這三個主軸的意思是：在追求完美及提倡產品升級的堅持，製造高品質的產品，投入在新產品的研究與發展和減少現在產品的浪費，善待資源做出最好的運用有效提供客戶的需求，仔

**圖 1 河見公司大樓外觀**

細的傾聽、回覆，得到客戶肯定與信賴。

河見成立至今 41 年，公司在全員努力下規模顯著擴增，由表 1 可以了解，河見員工人數由剛開始數十人增加到 2019 年的 220 人，在 30 年中員工增加了 172 人。公司在營業額方面亦不斷的成長，每 10 年就增加 2 至 3 倍，顯示經營績效卓越。內、外銷比例方面，河見 40 年來外銷比例不斷增加，由早期外銷比例僅占 5%，到現在外銷比例占 70%。其中國內銷售並無減少，而是國外銷售不斷成長，顯示在國內市場有限之

表 1 河見成長成果

| 年度 | 成立年分 | 員工人數 | 內外銷比 | 營業額 |
|------|---------|---------|---------|--------|
| 1989 | 第 10 年 | 48 人 | 95:5 | |
| 1999 | 第 20 年 | 61 人 | 85:15 | 比前十年成長 2 倍 |
| 2009 | 第 30 年 | 130 人 | 60:40 | 比前十年成長 3 倍 |
| 2019 | 第 40 年 | 220 人 | 30:70 | 比前十年成長 2 倍 |

下，河見持續拓展海外市場，而其優良穩定的品質亦受到國外市場肯定。

河見在不斷的成長過程中達成許多目標，重要發展歷程歸納如表 2。過程中包括：2009 年屏東加工出口區新廠房 5,600

圖 2　河見泵浦榮獲台灣精品獎

表 2 公司發展歷程

| 時間 | 重要歷程 |
|---|---|
| 1979 年 | 成立河見電機工業有限公司，地點在屏東市中正路。 |
| 1988 年 | 搬遷至屏東工業區新廠。 |
| 1993 年 | 通過 CNS 國家標準及品管甲等工廠。 |
| 1995 年 | 以 HCP 新商標 LOGO 開始海外行銷和展覽。 |
| 2000 年 | 擴建屏東工業區廠房達 1,860 坪，並增設自動化生產線及電腦測試設備，往大型化專業化市場拓展。 |
| 2002 年 | 通過 ISO 9001 品保系統認證，以及歐美等多國產品安規認證。 |
| 2009 年 | 屏東加工出口區新廠房 5,600 坪落成啟用，邁向國際化泵浦專業製造廠。 |
| 2012 年 | 河見泵浦性能測試實驗室通過 TAF 認證，與國際實驗室認證接軌。 |
| 2015 年 | 通過 ISO 14001 認證。 |
| 2017 年 | 進行 1.5 期擴建廠房達 7,000 坪。河見是台灣品牌中，最專業的沉水泵浦生產廠商之一，在泛用設備泵浦市占率最高。 |
| 2019 年 | 屏東加工出口區二廠建廠完工，全廠區面積 10,020 坪，為新世代工廠，強化生產製程，導入 AS/RS 自動倉庫系統，高效能 AGV 搬運載具，連結物料與每一個工作站，讓生產更便利及快速。 |
| 2019 年 | 獲「性別友善職場標竿企業」、「健康職場認證標章」。 |
| 2020 年 | 首家獲得「台灣精品獎」生產力 & 能源精品的沉水泵浦。 |

坪落成啟用；2012 年泵浦性能測試實驗室通過 TAF 認證，並
與國際實驗室認證接軌；2019 年屏東加工出口區新世代工廠
完工，強化生產製程與自動倉庫系統等重要里程碑。

# 二、公司產業市場現況

表 3 台灣主要泵浦業者分布

| 地區 | 公司名稱 |
|---|---|
| 台北市 / 新北市 | 日義科技、馨泉、三錦、永大、川源、大泉、大井 |
| 桃園 / 苗栗 | 光泉、木川、善哉、格蘭富 |
| 嘉義 / 彰化 | 銘昇、利隆、萬事興、宏旭、福益、三太 |
| 高雄 / 屏東 | 河見、九如、裕發精機、春井、高豐、松河 |

資料來源：吳佳樺（2019）；工研院產科國際所（2018）。

台灣泵浦製造業者約 100 多家，主要分布於西半部地區，如表 3 所示。在高屏地區除了河見泵浦外，還有九如、裕發精機、春井、高豐、松河等泵浦製造業者。主要產品為沉水泵浦的廠商除了河見外，還包括北部的川源、大井、善哉，中部的利隆與南部的高豐、松河等製造廠商。

台灣泵浦內需市場規模方面，工研院產科國際所 2018 年統計，若計算使用 1hp 以上三相感應馬達 2016 到 2018 年的台灣泵浦規模，包含國內廠商內銷量與進口量分別為 25 萬、24.3 萬與 25.2 萬台。在泵浦進口部分，台灣在 2017 年泵浦整機進口量將近 6 萬台，約占整體內需市場的 24%，進口國家以中國大陸與日本為主（吳佳樺，2019）。

關於台灣泵浦產業的特性，吳佳樺（2019）認為有三點，分別是：廠商規模以中小企業為主、少量多樣的生產方式與廠商專業分工。在業者規模部分，台灣泵浦業者以中小企業

圖 3　河見擁有一系列相關沉水泵浦

為主，因為缺乏足夠資金投入，人才培育與設計資源較為不
足，亦較難發展高效能泵浦技術。在生產方式方面，由於顧
客使用需求與規格多元，包含安裝位置、管線配置與口徑選
擇等，皆須整體考量與配合。台灣泵浦業者通常提供多種類
型供顧客選擇，生產時不採大規模製造，而是採每一種類少
量多樣生產，接單後再進行調整，以滿足市場需求。在專業
分工方面，泵浦用途廣泛，舉凡產業方面製程製造、空調系
統、漁業用水、農田水利到個人居家用水、大樓的地下水池
等，皆須要泵浦供水。由於多數泵浦製造商在資源有限下，

無法製造所有類型與各種用途的泵浦，因此製造廠商各有其專精的製造領域。

河見主要商品從環保污水處理泵浦到大型防洪泵浦，產品用途如公共建設、工廠、遊樂場、民生用水等，無論環保污廢水再生處理、建築工地積水抽除、一般臨時用排水、農業灌溉供水、養殖漁業用水、低窪積水地區防洪抽水站及景觀美化用噴泉等，被廣泛應用在各種相關設施。河見僅專注於沉水泵浦，沉水泵浦大致又可以分四種，分別是產業、工程建設、農漁業與一般家用等，其中河見在產業用與農漁業用的沉水泵浦方面其競爭力強且市占率高，工程建設這一塊是河見未來幾年將再加強補足的部分。至於小型家用的泵浦因為價格與門檻較低，不是河見主力產品。在河見泵浦銷售配置上，產業污水用途占 40%，農漁業用途占 24%，其他泛用占 36%。

在台深耕已邁入 41 年的河見電機，目前泵浦累積 18 種系列、645 項以上產品，以滿足各類用戶的需求，外銷足跡遍及歐美亞 60 多國，視供給穩定的水資源為己任，不但長年耕耘泵浦科技領域，更成為台灣沉水泵浦最重要的製造商之一（今周刊，2020）。

## 三、河見關鍵成功因素

# （一）ERP 導入與系統轉型

企業資源規劃（ERP）是指涵蓋企業所有活動的系統，包括財務、會計、物流及生產等功能，透過各種模組的建立來提供企業整體性的資訊系統（欒斌、陳苡任，2019）。ERP 利用資訊科技得以將企業內部各部門整合在一起，將企業全球各地的據點做連結，並將企業資源做最有效整合。ERP 是企業需所要的一套強大力量，亦是企業資訊化不可或缺的系統。河見一開始是手工記帳，之後利用 DOS 系統，最後導入 SAP 系統，ERP 系統轉型過程如表 4 所示。河見早期都靠人力算料、接單，當公司規模日益增大，訂單擁擠且時間又短，備料不準的狀況時常產生。尤其產品特性其訂單少量多

表 4 ERP 系統轉型

| 企業階段 | 店面階段 | 工業區階段 | 加工出口區階段 |
|---|---|---|---|
| 開始年分 | 1979~ | 1988~ | 2009~ |
| 重要措施 | 手工記帳 | 客製化 DOS 系統 | SAP/B1<br>人資系統<br>SAP/A1<br>FLOW 系統 |

樣，各國規格要求都不太相同，在公司希望降低庫存的目標下，讓產品的生產與管理更複雜，因此需要一個資訊化的系統來維持精準的生管與生產。在 ERP 系統選擇上，河見主要考量是 SAP 系統的國際化。河見方柏宜總經理認為，河見銷

售國外比例高，如果要選擇未來合作的對象，需要國際化的系統，因為台灣的市場不大，河見思考的是如何強化營銷全世界。

方柏宜總經理認為，最近 10 年最大的挑戰就是 ERP 的轉型，「一個公司要導入 ERP 其實是要全部打掉重練」。河見從 DOS 系統轉到 SAP 時，一開始並不順利，因為企業員工都有習慣的方式跟領域，員工常用舊的方式去執行。河見導入 ERP 4 個月後仍無法成功運作，方柏宜總經理決定改換顧問團隊進行協助，並且由總經理直接負責，各部門所負責的範疇重新明確定義，並讓顧問團隊有足夠的權力去改變現狀。這期間河見增聘十多位員工，公司上下亦全力配合。此外，剛開始一段時間常常是新舊系統一起運作，員工工作量倍增，幾乎每個晚上都加班，周六、周日也加班。方柏宜總經理：「我們過了那關，所以至此我們能夠去做轉變，其實背後有著很強大的責任感，我們也佩服並謝謝那些員工。」歷經這段學習歷練，河見員工的思維大幅轉變，從過去對於 ERP 的半信半疑，轉為思考如何善用 SAP 提高工作效率。各部門自動自發持續改善系統的使用，在內部形成相互學習的良性循環。例如負責倉管的人員，為縮減船運作業時間，認真查詢紙箱尺寸、製作裝箱清單、計算木箱棧板尺寸與重量等相關工作，步驟全數拆解後找出可利用 ERP 搭配的突破點。雖然一開始需要花費較多時間資訊化，但後續作業時間

就能大幅減少。

## （二）重視產品品質與穩定性

鑑於沉水泵浦用途廣泛，河見除有經驗豐富的工程研發部門，能因應客戶需求、設計高性能參數、運作效率的多元機種，也因台灣工具機、馬達產業的供應鏈完整，可提供技術成熟又品質穩定的機構元件，助創新研發一臂之力。然而不論是客製化或高品質的泵浦設備，導入電流的漆包線也是不可或缺的一環。方柏宜總經理舉例：「泵浦核心動力來自於馬達，而要確保馬達順利運作，漆包線是極重要的材料，它必須要能承受強大的電流，使電流順利導入漆包線圈，形成感應磁場，而後帶動轉子與葉輪運轉，泵浦的抽水任務才能順利完成。」（今周刊，2020）為確保河見泵浦品質，必須要有優良的原料供應商。河見電機早期由承包商代工生產馬達時，已知大亞是漆包線業界領導品牌，是極具研發能量的漆包線專業廠。大亞的經營理念、生產製造技術、物料品管規格等，皆符合河見合作夥伴的嚴苛標準，因此雙方一直維持密切合作。

河見泵浦產品價格大致分為兩類，即中階與高階產品。在銷售對象方面，例如政府公共工程，該產品一般被要求保固 3 到 5 年，產品品質要求較高，因此適合河見較高階的產品；

倘若是一般公司，使用的頻率也沒有那麼高且預算有限，則適合價位中等的中階產品。但在品質的自我要求下，較低價或低階的產品則不是河見會考量製造的產品，這也是河見對顧客的承諾。

## （三）人才培育

人才培育一直是企業成功的關鍵之一，河見在這方面亦不斷努力，要跟所有員工一同前進。下列說明河見在人才培育方面的努力。

### 1. 自己的人才自己培訓

自己的人才自己來做培訓，公司課級以上的幹部都是公司專業課程的講師，要為員工開課也在自己的部門做經驗傳承，更重視簡報力與溝通能力。另外，請顧問依照部門的需求在公司內部開課。此外，河見每年都舉辦數場演講提升員工素質。例如邀請各行業的成功人士，介紹他們的奮鬥人生，期待員工除了工作外，對於社會更多一分關懷、愛心與同理心，如此對於員工工作間的一些摩擦爭執較有包容力。

### 2. 專家輔導

河見每年都會請一到兩位顧問駐廠對員工進行輔導。河見雖

然在各方面都已上軌道，但仔細檢討仍然有一些問題存在，聘請顧問幫企業進行輔導、進行改善，同時也給部門一個績效指標做改進。

## 3. 學科考試、技能檢定

河見建立自己的學科考試與技能檢定，如同去職訓所考機床的加工，要考學科、術科等。河見每年都舉辦員工技能檢定，檢定還分一級、兩級、三級、四級等程度。新進同仁在 3 個月內必須達到一級，並且 3、5 年後要求達到三、四級。方總經理認為技能檢定要依據觀念的改變、客戶的需求等而更新，若在檢定的時候仍是用舊方法就須要重新補考，希望員工不要用習慣做事情，因為環境、技術不斷在更新。

## 4. 建立資料庫、經驗傳承

建立資料庫來做傳承是河見人才培育中重要的一環，目的在系統中把公司最新的資訊都收納進來，包含各種流程步驟、創意提案或改善計畫等資料，讓所有員工從中學習到前人的經驗與最新的資料，也能夠改進過去的錯誤或資訊不一致的情況。

## 5. 鼓勵學習換獎金

為了更積極推動員工學習，河見規劃強迫學習換取獎金的機制。年終獎金有設定大概一個月的基底，這基底包含核心職能與學習職能，該職能為公司內部開課，員工必須來選課並累積積分。課程可能由不同部門主管開課，也有可能請外部廠商來進行。公司希望員工自動自發報名上課，如果過於怠惰，不想選修足夠課程，將會拿到較少的年終獎金，以此激勵員工學習向上。

# 四、河見公司管理策略

## （一）河見轉型發展策略

營業轉型方面可以利用不同階段的營業流程加以說明。表5是河見經歷40年的營業作業流程，一開始是創業初期的店面階段；10年後轉型到工業區階段，工業區約有20年的歷史；2009年河見搬到加工出口區。店面階段一開始內銷，只做國內的經銷商，接著開始做直銷的環工工廠，並且成立了北區的營業所；加工出口區階段進行更深入的公共工程、更專業的服務，並且成立中區營業所。在河見外銷部分，一開始僅有少量產品外銷，工業區階段開始做經銷商、代理商的開發，從東南亞走向歐洲、美洲等相關客戶，近年來跟各國的總經銷開始簽下許多嚴謹的經銷制度，亦陸續在國外開拓河

表 5 各階段營業作業流程

| 企業階段 | 店面階段 | 工業區階段 | 加工出口區階段 |
|---|---|---|---|
| 開始年分 | 1979~ | 1988~ | 2009~ |
| 內銷措施 | 經銷商 | 環工工廠<br>成立北區營業所 | 承做公共工程<br>提供專業服務<br>成立中區營業所 |
| 外銷措施 | 少量外銷 | 外銷東南亞<br>外銷歐美日 | 建立各國總經銷與通路 |

見的銷售公司,建立自己的通路品牌。

河見的營業轉型可以進一步說明如下:

## 1. 由簡而難

營業轉型的過程是從簡單的部分開始,由一般的經銷販售再到比較難的公共工程,河見的銷售方式與過程開始轉變。

## 2. 由近而遠

河見的銷售推動由比較近的台灣屏東到台中、台北再到亞洲等海外,由中國、越南、泰國再進一步到美洲、歐洲,甚至非洲。

## 3. 品牌行銷

河見 HCP 的品牌行銷海內外。方柏宜總經理提及在品牌經營上是艱辛的,但好處是毛利率比較高,且較不擔心客人討價還價。方總經理提到:「曾經有日本的客戶反應,走訪了 6 間供應商中,河見的接待規格不是最好、報價也不是最佳。」「我們想要跟顧客強調河見是做品質的一家廠商,強調河見的品質、管理與服務,亦即專業形象。希望顧客去參考每家公司的治理、管理及公司內部用心程度。我們不希望顧客來台灣只參觀過河見,然後就選擇河見的產品,主要是希望顧客多參考幾間公司並做比較,如此可以更肯定河見泵浦。」

## 4. 專業形象

在專業形象方面,河見一直重視改善企業資訊化,希望提升客戶的後端管理等服務。例如讓河見產品的貨源可以追蹤,透過產品的條碼或相關資訊可以找到生產工單,包含這裡面所用到的材料、甚至螺絲由誰鎖的,即客戶的後端管理可以查得到,亦可以依據這樣訂購零件來做維修。方總經理認為工業產品不是一次性的,產品在未來長時間使用當中可能需要維修兩到三次,亦即在產品的使用年限 10 年、15 年中必須維持它的性能及其易維修性。此外,河見積極發展選型軟體,利用公式計算讓顧客選到理想的產品品項、節省許多時間。

## （二）河見國內外銷售策略

河見產品價格屬於中高價位，相較於國內其他廠商產品價格相對較高，但是與國際廠牌相比，河見產品價格仍算相對便宜。河見憑藉產品品質的穩定度，加上國際上高性價比，使河見在外銷上擁有堅強競爭力。簡單來說，國際上需要一種跟大品牌一樣好的品質，但是又相對便宜的產品。在國內銷售相對比較飽和、增加的幅度相對較少情況下，河見的策略即是致力於海外市場的開拓。

河見 40 年來外銷比例不斷增加，由早期外銷比例僅占 5%，增加至 15%、40%，到現在外銷比例占 70%。海外市場目前以東南亞、北美、歐洲為主，產品買家亦包含中東、非洲與大洋洲區，顯示河見產品的銷售已達到國際化與分散性。

## （三）企業社會責任策略

河見為企業永續發展及善盡社會責任，包括捐助弱勢團體、建構環保、安全的職場環境，不污染環境且提升員工福利。河見 2019 年大概捐助慈善機構達 150 萬元。方柏宜總經理認為河見泵浦既然設在屏東，也在屏東成長茁壯，應該對屏東的照顧多一點，所以捐助都以屏東為主。尤其屏東的弱勢對象、單位比較多，可能會占全部贊助經額一半。長期贊助單位包括屏東善導書院、屏東家扶中心、屏東啟智協會、屏東

青山育幼院、屏東縣泰武鄉平和社區發展協會等。贊助單位還包括創世基金會、高雄腦麻協會、台東書屋、台東基督教聖母醫院、南投博幼基金會等眾多單位。

　　在職場環保、安全方面，河見電機 2019 年 12 月通過衛生福利部健康署健康職場認證。此外，對於生產過程中所衍生之廢氣、廢水、廢棄物、安全等，均加以妥善控制及回收處理，以降低環境衝擊及安全風險，以維護清淨安全、健康之工作環境。河見善盡社會責任，在污染預防、遵守法規、環保節能方面達成下列目標：

1. 實施有效之環境管理系統，以達到環境保護之目的。
2. 事業設計、生產、服務活動符合環安衛法規及利害相關團體的要求。
3. 節約使用能資源。
4. 致力污染源預防及降低安全衛生的危害風險，並落實持續改善。
5. 公開環安衛政策，提升企業形象。
6. 重視內外部議題，考量組織處境，以提升企業環境績效。
7. 致力於創造安全的作業環境，達成零災害的目標。
8. 建立安全健康的職場環境，推行健康管理及促進活動，增進同仁身心健康。

# 參考文獻

1. 今周刊，2020 年 5 月 28 日，一顆穩定優良的沉水泵浦來自始終如一的堅持。
2. 李國榮，2020 年 8 月 12 日，河見方柏宜總經理訪問稿。
3. 河見官網：http://www.hcppump.com.tw
4. 吳佳樺，2019 年 3 月 11 日，台灣泵浦產業與市場調查報告，能源知識庫：https://km.twenergy.org.tw/KnowledgeFree/knowledge_more?id=4752。
5. 吳佳樺，2018 年 3 月，全球液體泵浦市場與產業發展趨勢，機械工業，427 期，6-12。
6. 欒斌、陳苡任，2019，電子商務：應用與科技發展（第三版），滄海書局。

---

作者簡介

## 李國榮　教授

現任國立屏東大學商業自動化與管理學系主任，國立中山大學財務管理博士，國立中山大學經濟研究所兼任教授。專長於資產定價、投資與風險管理、金融大數據等。

# 第四章

# 安得烈

/ 賴碧瑩

# 一、安得烈公司簡介

公司基本資料

| | |
|---|---|
| 核准設立日期 | 民國 86 年 5 月 6 日 |
| 公司地址 | 屏東縣內埔鄉豐田村建工路 3 號 |
| 負責人 | 劉芝佐、劉天靠 |
| 員工人數 | 400 人，公司分為管理部、會計部、資訊部、生產部 |
| 資本額 | 1 億 9300 萬 |
| 分公司分布現況 | 內埔一廠、二廠、英國倫敦 |

安得烈公司是台灣掛鎖龍頭，我與安得烈公司（Federal Lock）劉天靠董事長約在 2020 年 8 月的一個下午進行訪問。訪問那天屏東剛好下著午後大雷雨，當車子開進內埔工業區時，我一直在想著：這是一間什麼樣的公司，竟然可以擁有 90% 外銷的市場，而且取得歐盟的認證？總覺得屏東地區多

圖 1　安得烈公司（Federal Lock）

數工廠都是本地產業、傳統產業，要能在競爭激烈的國際市場中脫穎而出，必定要具備極佳的技術與研發能力。

這家隱身在屏東的隱形冠軍，公司登記至今已經有 23 年，但是劉董事長口中，告訴我們這間公司已經運作 50 年了。公司登記雖然琳瑯滿目，包括：機械設備製造業、五金批發業、金屬建材批發業、機械批發業、五金零售業、建材零售業、機械器具零售業、國際貿易業、製鎖業。但其中製鎖業是公司產品核心。所以我跟劉董事長就是在一片都是鑰匙的牆面拍下照片。

圖2　安得烈公司掛鎖展示牆

鎖這項產品是每個住宅的安心開關，不論老人、小孩，出門第一件事：鎖門。車子也是，每個車主手上握有的就是車子鑰匙，其他林林總總不勝枚舉。可以想見的是，鑰匙在每個人生活中扮演的關鍵角色，因此如何製造一個值得信賴的鑰匙變得非常重要。

整個工廠就跟內埔工業區其他廠商一樣，幾乎都是採用灰白不銹鋼構廠房，在廠房裡面機器轟隆轟隆的作響，大型的卡車正要載送產品到世界各地，工廠看起來是在平凡不過的。但當我進去公司的會議室，聽著劉董事長告訴我公司現在所做的產品，這時的我望向那整面的鑰匙產品牆面，著實佩服。

# 二、製鎖產業市場分析

全球製鎖產業以 Assa Abloy、Black&Decker、Ingersoll Rand、Kaba 等集團為主，各集團旗下擁有多家鎖廠，負責各式鎖的產銷，由於鎖的類型繁多且領域複雜，供應鏈模式差異甚大。就美規門鎖而言，因為考慮降低生產成本，近年來，美國大鎖廠逐步向亞洲尋求代工合作夥伴，大陸就成為主要供應基地。亞洲鎖廠受惠於美國大廠委外代工訂單，只要配合大廠的要求也可以提升自我技術能力。台灣鎖廠僅少數幾家較具規模，近年來隨著大陸鎖廠興起以及次級生產技術、低價成本廠商搶食低價鎖市場，衝擊原本供應鏈型態，

而技術層次高的鎖廠為避免過度之競價影響利潤空間，逐漸走向高精密鎖之方向，市場自然形成區隔。就供給面而言，低價鎖因進入門檻低，競逐者眾，導致競爭激烈，中高級鎖因技術門檻高，廠商較少，相對之利潤空間大。

2016 年我國鎖製品產業產值約新台幣 108 億元，出口值約新台幣 140.6 億元，從業廠家數約 125 家，就業人數約 3,250 人，代表性廠商包括：東隆五金、台灣福興、寬豐、隆輝、泰東等，產品範疇主要為掛鎖及門鎖。

屏東縣工商發展投資策進會的統計資料中顯示，工業登記有案且仍在營運中的金屬製品製造業廠商尚有 122 家。近年來受到大陸低價品的競爭，以致現今仍在從事鎖業相關生產製造的廠商僅剩不到 30 家。代表性廠商有隆輝、安得烈、泰東、盈喬、韓頓、百成等。

鎖的使用可追溯到 4 千年前古埃及時代，在金字塔內的圖畫上，顯示出當時鎖的構造原理－－把鑰匙插入抬起鎖栓以打開門閂，這種原理後來與耶魯鎖的原理是一致的。人們的生活不論是白天或是夜晚，或是不動產（住家）室內、室外，動產（汽機車）幾乎都在使用鎖及鑰匙，以確保自己的生命及財產的隱私權與安全，這種個人安全感的需要是人類心理需要層次最基本要求。安全需求從以前至今並未減少，因此

對於鎖與鑰匙的需求也並未減少，自古至今鎖與鑰匙的差別在於技術改變與使用形式的轉變。以門鎖為例，它的類型包括下列三種：

表 1 鎖製品產業 2009 ～ 2015 年產值

|  | 2009 | 2010 | 2011 | 2012 | 2013 | 2014 | 2015 | 2016 |
|---|---|---|---|---|---|---|---|---|
| 產值 | 85.4 | 110.6 | 109.3 | 120.3 | 125.8 | 134.1 | 114.2 | 108.0 |
| 進口 | 8.6 | 12.0 | 12.3 | 13.2 | 14.2 | 16.4 | 15.5 | 15.6 |
| 出口 | 85.0 | 104.2 | 106.5 | 112.9 | 121.7 | 131.4 | 140.6 | 139.1 |

單位：新台幣億元
資料來源：台經院海關統計資料／金屬中心 MII-IT IS（2016）

## 1. 傳統機械門鎖

採用機械密碼組合的方式。鑰匙插入鎖孔後，齒孔和鎖內的彈珠相互形成凸凹配合，只要相互組合一致，即可順利將鎖打開。但由於鑰匙和彈珠凸凹組合的排序有限，會出現其他鑰匙能開啟門鎖的情況，導致門鎖的安全性能受到挑戰。

## 2. 電子門鎖

以密碼輸入來控制電路板或是運用晶片控制。電子密碼鎖取代傳統的機械式密碼鎖，克服了機械式密碼鎖密碼量少、安全性較差的缺點，讓門鎖在技術上、性能上都大幅提高。

## 3. 智能門鎖

有別於傳統機械鎖，在用戶識別、安全性、管理性方面更加
智能化的聯網鎖具，是具有安全性，便利性，先進技術的複
合型鎖具。同時也是智能家居重要組成部分，可建設完善安
防家庭智能控制能力及匹配提供各項智能化的家居服務。

智慧門鎖的五金結構基本都延續自傳統鎖樣式，在外觀結構
上由六部分組成，包括：生物識別模塊、顯示屏、刷卡區、
開門把手、應急電源、鑰匙孔。目前智慧門鎖的主流開鎖技
術主要有短距離無線技術識別，例如藍牙、NFC、RFID 識別
方式、鑰匙、密碼、指紋、指靜脈、人臉、遠程 APP 等。隨
著通訊技術與平台連接便捷性的發展，智慧門鎖也正在逐步
發展互聯網方式，例如運用 WIFI 接接家庭網絡達到互聯網
功能。

全球掛鎖產業已有共通性產品分級標準（EN12320），共
分為六級，目前台灣掛鎖等級約為 3~4 級，平均價格約為
600~1,000 元台幣，若等級提高至 5 級以上，產品平均價格
約為 6,000 元台幣。

屏東市是台灣掛鎖重鎮，主要集中於屏東市、內埔工業區、
潮州鎮，全盛時期高達 300 多家廠商。近年業者積極轉型升

級，讓這個傳統產業重新開闢戰場，產值已超過 130 億元 。
安得烈股份公司是台灣掛鎖年營業額第一名，專精各類材質
掛鎖、鎖心、門窗鎖，以及鎖的配件，種類高達上千種，且
90% 外銷為主。除了為國際知名品牌代工，也創立自有品牌
（FEDERAL LOCK），目前在全球 20 多國取得商標註冊及
國內外 49 項專利。安得烈股份公司產品均通過英美等國最嚴
格規範考驗，提供不同安全等級掛鎖。為了永續經營，安得
烈股份公司投入 6 億元，在屏東內埔工業區原有廠房附近興
建一座智慧工廠，導入智慧機械製程，希望提升產能；同時
開發高技術鎖具，提升公司產品價值；並透過國際大廠合作，
提升自有品牌全球占有率，讓屏東在掛鎖市場持續占有一席
之地，為屏東提供 200 多個就業機會。

安得烈公司目前主要的產品有：1.大通路（6呎 x6呎展示櫃），
2.中通路（6呎 x4呎展示櫃），3.小通路（6呎 x3呎展示櫃），
4. 鎖匠通路。如果是依據鎖心分類則有：1.SFIC 鎖心產品、
2.KIK 鎖心產品、3. 歐洲鎖心產品、4.CA6CK 鎖心等生產產
品。

表 2 安得烈公司產品類別

| | |
|---|---|
| 鐵掛鎖／可更換鎖心 | SFIC 鎖心掛鎖 |
| 鐵掛鎖／不可更換鎖心 | 歐洲鎖心掛鎖 |
| 銅掛鎖／可更換鎖心 | 絕緣安全鎖 |
| 銅掛鎖／不可更換鎖心 | 歐規鎖心 |
| 銅掛鎖／ ER 系列／ PAPAIZ 系統 | 橢圓鎖心 |
| 白鐵掛鎖 | 輔助／安全門鎖 |
| 鋁掛鎖／可更換鎖心 | 窗戶／門鎖 |
| 掛鎖／對號鎖 | 櫥櫃／抽屜鎖 |
| 疊片鎖 | 配件與其他 |
| KIK 鎖心掛鎖 | JR 滑動底蓋掛鎖 |

# 三、安得烈公司關鍵成功因素

## （一）品質深獲信賴

安得烈公司自創立以來本著品質第一、技術為先、服務客戶的經營理念，在專業管理與共榮共生的基礎上，以專業精神，創造出讓消費者信賴的安全鎖。

產品及自有品牌在世界 36 國取得商標註冊，在管理上已獲 ISO 9001 認證，藉由國際代工（OEM 與 ODM）與國際接軌，並獲世界各大通路商之肯定與信賴，也因此與客戶及供應商建立穩固的夥伴關係。

## （二）獲得多項國際認證

目前安得烈公司擁有世界級的研發與製造能力，公司產品均已取得國際驗證，例如美國 ASTM 883 GRADE 5/6 ，英國 Sold Secure Euro Profile Cylinder Diamod Grade 和 Padlock Gold Grade。

## （三）四個優化能力

一家公司能夠經營屹立 50 年，公司不但要延續過去的堅實經營理念與基礎，為了要讓公司能夠永續經營，安得烈公司在管理策略上，更採取四種優化能力，包括：1. 經營管理專業化、2. 產品世界化、3. 品質第一化、4. 客戶服務迅速化。經由這四項能力，藉此提升公司在鎖業的技術、品質與地位。尤其是世界的鎖業市場和經營環境劇烈變化，一家公司更需

圖 3　安得烈公司智能製造步驟

要具備快速的反應能力與務實的執行策略。

## 1. 產品結構設計調整

因應國際金屬商品持續飆漲趨勢，公司持續進行產品結構設計調整及降低成本等策略，期使公司產品獲利能力能隨營收成長同幅增加。此外，安得烈公司秉持一貫誠信經營理念，優異研發製造技術的核心能力，積極研發高附加價值產品，除了深耕既有市場外，對於新市場開拓也不遺餘力，同時公司對於市場研究、行銷專長、通路嫻熟、全球營運管理的資

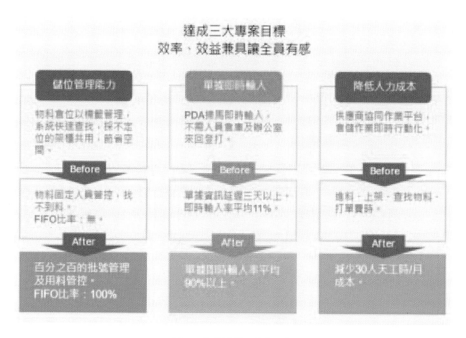

圖 4　安得烈公司專案目標

源挹注，在在都使公司發展更多元化。

## 2. 結合電子科技業開發新型鎖心

結合相關電子科技，陸續開發具電子智慧之高附加價值鎖類產品，如指紋辨識鎖、傳訊鎖、智慧型鎖類產品，除了延伸既有產品外，對於新型產品的研發，尤其是目前不論是智慧型鎖心或是金屬器材以外的產品鎖心設計，都希望在未來可以給公司帶來更多的產品開發。公司產品成本結構中，材料成本比重甚高，鑒於金屬原材料價格仍持續維持高檔或上漲，經營獲利壓力顯著增加，是以採購、研發相關部門均持續積極研擬降低材料成本方案，以確保公司之獲利目標。畢竟研發門鎖的新功能，為產品增加高附加價值，是公司得以永續經營的目標。

## 3. 深耕國際大廠關係

強化深耕與國際大廠策略聯盟關係與新客戶，以本身之研發技術資源及品質優勢為核心運用，配合大廠市場推廣計畫共同拓展業務，以建立更緊密之共生共榮業務關係。對於國際委外代工業務，安得烈公司也希望擴大產業，提升公司業務成長。

# 四、安得烈公司管理策略

## （一）策略計劃與決策過程

50 年的傳統鎖業由代工轉為品牌、由鎖而生的管理哲學，用系統傳承下一代，化阻力為助力，務實踏出智能轉型第一步，安得烈公司從傳統企業數位轉型，使得近幾年的營收大幅成長。為使訂單如期出貨而大量加班，除了人力成本上漲讓安得烈面臨不得不改變的關鍵期，上萬種的產品也造成新手與老手在工作經驗傳承銜接的挑戰，期望從作業流程優化、整合系統機制與新應用工具，透過智能轉型以達到降本提效的目標。一個好的事業經營，必須要包括以下四大關鍵策略：

## 1. 核心策略

要為消費者帶來更多的便利，這個產品現今還未被開發出來的，所以差異化十足。安得烈研發團隊是一群有 15 年以上專業設計、模擬、製樣、開發生產模具的技師所組成，更可與國際上各大廠專業人員直接技術討論與交流。安得烈研發團隊能力不僅是屢獲客戶肯定，更是保有超過 30 幾項在世界各國之專利認定，且使用之設備如 AUTO-CAD2005、PRO-E CERO ELEMENTS、AUTO DESK INVENTOR 9、3D

PROFILE，更是與世界接軌，安得烈的競爭核心就在研發，迅速與精密是安得烈的精神。

## 2. 策略性資源

在所選定市場範圍中，建構差異化競爭優勢的基礎，只要有拿鑰匙的人都一定要有安得烈的產品，是安得烈所追求的目標。安得烈也會不斷的求新求變，持續開放更符合消費者的鎖與鑰匙。

## 3. 顧客關係體系

有效率的收集顧客資訊，掌握顧客需求，並洞察市場中尚未被滿足的需求；與建立與顧客間親密深厚的關係，從而培養顧客忠誠，以成為最寶貴的企業資產。

## 4. 價值網絡

經營模式需要界定本身投入的範圍與程度，所有的產品皆為安得烈自己研發與行銷，安得烈也會嚴格控管委外加工的品質，所以品質絕對可以掌握。

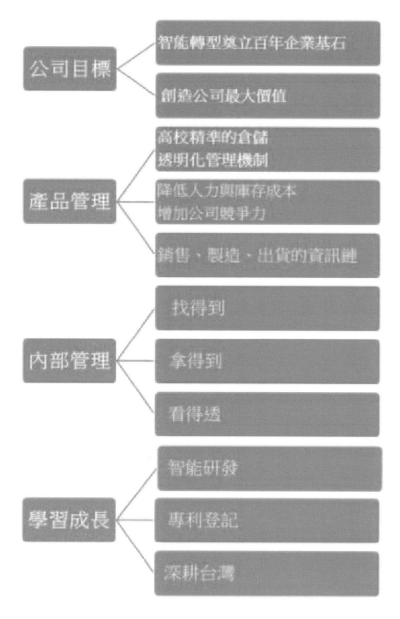

**圖5　安得烈公司策略地圖**

## （二）核心技術策略

產品概念的產生源自於公司內部的創意以及顧客需求，然後再綜合所有公司關係人的利益與需求而形成。新產品開發由創意與概念形成開始，而至產品在市場成功銷售為止。新產品要能迎合顧客需求的功能特色組合，具有競爭力，能夠創造利潤。

有關新產品開發可能面臨的議題或困難，均在事前經過詳細的評估，因此可以降低產品開發的風險；產品開發專案可能因時、因地、因情境，而採取不同的開發程序類型，對於新產品開發績效會有很大的幫助。

安得烈業務服務團隊分為內外銷部門，均有 15 年以上銷售服務經驗，不僅在產品功能性上深入了解，更可以針對不同市場與世界不同地區性產品需求，提出不同等級銷售通路的產品組合設計，以利客戶能快速進入產品市場。所以安得烈業務服務在世界各大洲 50 餘國，在各種不同通路（DIY MAREKT、LOCKSMITH）或工商業管理市場更是經驗豐富。安得烈行銷產品含各類材質掛鎖、鎖心、門窗鎖、配件、產品種類達千種以上，所提供產品更涵蓋不同安全等級之需求，安得烈行銷服務除是專業化外，更是世界化。

安得烈產品生產是結合縝密 ISO 9001 管理系統運作與各樣各國先進高自動化機械生產，更配合自行研製生產機械與自研檢具，管理產出高精密度、高準確度、高合格率、高產率之產品。安得烈所引進專業精良機械有：義大利 GIULIANI 拉溝機、義大利 GIULIANI 車齒機、瑞士 ESCO D2/D5 剪珠機、台中精機 CNC、永進 CNC、各類自研 NC 圓盤加工機，所以可生產小批量（以百為單位），更可生產大批量（以萬為單位），所以生產服務也是全方位。

安得烈品質管理是在 ISO 9001 管理系統運作下分層負責、全員管制下監督，品質管制不僅是對產品，更是對人、事、物的全方管理與要求，也對供應商管理監督；安得烈更有各式標準檢驗儀器，如：萬能材料試驗機、硬度測試機、鹽水噴霧測試機、3D 投影機、循環測試機，各類零件自研檢驗治具，隨時針對產品、客戶要求、試驗要求做最迅速與精確反應與分析，作為更精進與客戶服務的基礎。

## （三）企業社會責任策略

安得烈不僅是在經營上追求進一步，且於地球村的觀念上，對於環境保護、能源政策上更盡最大力量。

# 參考文獻

1. https://www.etax.nat.gov.tw/cbes/web/CBES113W1_1
2. https://findbiz.nat.gov.tw/fts/query/QueryList/queryList.do
3. https://data.bznk.com/97425469%E5%AE%89%E5%BE%97%E7%83%88%
   E8%82%A1%E4%BB%BD%E6%9C%89%E9%99%90%E5%85%AC%E5%8F
   %B8
4. http://www.federallock.com.tw/about.php?id=6

---

**作者簡介**

## 賴碧瑩 教授

現任國立屏東大學不動產經營學系教授，曾任不動產經營學系主任、技術研究發展處
處長。曾經擔任營建署都市計畫委員、地政司土地徵收委員；環太平洋不動產學會
（PRRES）理事長，高雄市區域治理學會理事長等職。

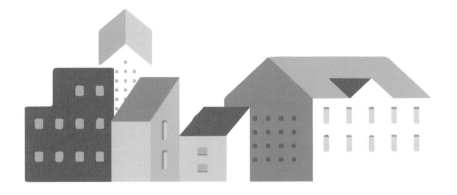

# 第五章

# 芙玉寶生技

/ 郭子弘

# 一、芙玉寶公司簡介

公司基本資料

| | |
|---|---|
| 核准設立日期 | 民國 67 年 |
| 公司地址 | 屏東縣南州鄉萬華村萬華路 120 號 |
| 負責人 | 林秀珠 |
| 員工人數 | 32 人 |
| 資本額 | 3,600 萬 |
| 分公司分布現況 | 台北總公司、屏東工廠 |

芙玉寶成立於 1978 年，剛滿 30 歲張天耀老闆畢業於國立台灣師範大學，為了讓家人過更好的生活辭了教職工作，隻身飛往距離台灣約 1 萬多公里遠的非洲－奈及利亞工作。張天耀言：奈及利亞生活條件惡劣、人們生活十分窘困，瘧疾在這裡發生的頻率就好比感冒在台灣那樣的稀鬆平常，要不是一位中國籍的醫生救了我，早已不在人世。奈及利亞的孩子

圖 1　芙玉寶香皂文創主題館

圖 2　芙玉寶香皂文創主題館

常常有一餐沒一餐，更無法天天上學，但他們臉上卻有著燦
爛不做作的笑容，讓我了解到平凡的生活，才是我想追求的
人生目標。名譽、金錢、欲望……，這一切都比不上最平凡
不過的樸實生活。「芙蓉出水、華而玉貴、寶貝家人——芙
玉寶」，公司的名稱就這樣誕生了。

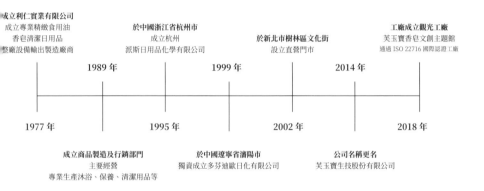

圖 3　芙玉寶發展史

# 二、清潔用品製造業市場現況

## （一）清潔用品製造業產品類別

根據經濟部第 15 次修訂之工業產品分類，清潔用品製造業
包含一般洗衣粉、濃縮洗衣粉、洗衣精（膏）、皂絲、洗滌
肥皂、液體清潔劑（洗潤髮精、沐浴乳）、牙膏、其他皂類
等幾種類別，我們可以大致將其歸納為洗衣清潔劑、洗滌肥

皂、沐浴乳、洗（潤）髮精、其他清潔用品等五大類：

## 1. 洗衣清潔劑

洗衣清潔劑約略可分為傳統洗衣粉、濃縮洗衣粉、皂絲、洗衣精（膏）。在傳統的洗衣粉產品中，目前以國聯公司的白蘭洗衣粉、台灣花王的新奇洗衣粉、台化的洗寶洗衣粉、獅子油脂的藍寶洗衣粉及南僑的水晶洗衣粉等五種，品牌擁有80%以上的市場占有率。濃縮洗衣粉於1992年後的市場占有率逐漸超越傳統洗衣粉，目前為新奇一匙靈及白蘭兩種品牌的天下。皂絲市場以信興的太陽皂絲及泰新的象頭皂絲為兩大品牌。洗衣精目前在台灣占整個洗衣粉市場不超過5%，然在歐美地區占有率近40%的潮流下仍具開發潛力的，目前是以毛寶公司的洗衣精最為暢銷。

## 2. 洗滌肥皂

洗滌肥皂以功能可分為一般性和藥用型兩種。在品牌上可分為國人自創品牌香皂與外國品牌授權在台生產香皂兩大類。國產自創品牌香皂中，除瑪莉「美琪藥皂」、中化「綠的藥皂」外，國聯的「白蘭香皂」、芙玉寶生技的「芙玉寶香皂」、南僑的「快樂香皂」與「親親香皂」等是目前國人較熟悉的品牌。國際品牌授權在台生產的香皂品牌中，有台灣資生堂的「資生堂蜂蜜香皂」、蜜絲佛陀的「翠玉美容香皂」、奇

士美的「夏碧芙香皂」、國聯的「麗仕香皂」、寶僑的「佳美香皂」、台灣旁氏的「旁氏冷霜香皂」、好潔公司的「棕欖香皂」、瑪莉美琪的「比佛利香皂」等授權在台生產的國產香皂。國內自創品牌的香皂約占市場的 30% 左右，國外授權在台生產的香皂約占 50%，進口香皂約占 20%。

## 3. 沐浴乳

根據業者提供的資料，目前使用液體香皂的比例已超過固定香皂。台灣最早投入沐浴乳市場的耐斯企業，其所生產的「澎澎香浴乳」仍是市場上的領導品牌，花王的「蜜妮」沐浴乳居次；其他進入市場較慢者，如「白雪沐浴乳」、「蓓爾麗沐浴乳」、「雪芙蘭沐浴乳」，也有不少固定的消費者。進口品牌中以「麗仕」、「花姿」等較具知名度。而最近加入市場競爭的廠商為了與澎澎及其他種品牌的產品有所區隔，在產品特性上尋求突破，如「棕欖沐浴乳」強調對皮膚的滋潤及舒適感；中國化學製藥廠的「綠的保健沐浴乳」則宣稱含有 Tric-Osan，在清潔、滋潤效果外，再加入保健功效。

## 4. 洗（潤）髮精

洗髮精是完全消費市場，除產品本身的特色及包裝外，廣告媒體更扮演著深具影響力的角色，目前市面上較暢銷的品牌，皆是廣告經費投入相當龐大的產品。其中以雙效洗髮精

占有率約 65% 為最高。因現代工商社會的腳步較快,強調省時方便的雙效洗髮精占有率節節上升,甚至洗、潤、護三效、四效等多效合一洗髮精的占有率也都有上升的趨勢。目前,市面上銷售的洗髮精品牌有國聯的白蘭天美、麗仕蕾雅,寶僑的潘婷、飛柔、海倫仙度絲,花王的伊佳伊、儷薇,南僑的雅露、艾舒,美克能的蓓爾麗、潤波,耐斯的Zp、嫩舒,嬌生的艾芬迪,脫普的花香 5,美吾髮的美吾髮等品牌。

## 5. 其他清潔用品

家用清潔劑方面,以「魔術靈」、「白博士浴廁清潔劑」、「通樂」、「愛地潔」、「地板樂」、「穩潔」等市場占有率較高且較具知名度。在洗碗劑及果蔬清潔劑方面,標榜含有天然成份(如椰子油等)的清潔劑也頗受消費者歡迎,但售價較一般清潔劑貴,這對一向以價格取勝的清潔劑市場而言,銷售情況如何,猶待考驗。在牙膏方面,牙膏市場是清潔用品製造業市場最單純的產品。多年來雄據市場上的領導品牌,一直是黑人牙膏,次為近年來進入市場的高露潔牙膏,而這兩種品牌的牙膏都是好潔化工旗下的產品,二者合占市場占有率近 80%。

## （二）清潔用品製造業的演進

根據台灣清潔用品工業同業公會的資料，台灣的清潔用品產業可分成五個時期：

1. 1950 年代初期前後，全數廠商都是生產洗衣、洗滌肥皂；
2. 1950 年代中後期起，陸陸續續有廠商投入香皂生產；
3. 1960 年代洗衣合成清潔劑是多角化經營的重點項目；
4. 1970 年代起，洗（潤）髮劑、液態清潔劑成為各廠商生產線上的一員；
5. 在 1970 年代後的兩次石油危機及經濟蕭條中，未能實行多角化的廠商，大抵逃不過被淘汰的命運，以致 1980 年代後，更促進了業者多角化經營的腳步。多角化的經營可以分成以下四個方向：

(1) 原料相關：生產化粧品產業。
(2) 使用相關：生產定型泡沫髮膠、美髮霜、膏等。
(3) 通路相關：生產食品、紙尿褲、衛生棉等。
(4) 生技相關：延伸本業基礎、配合高科技生產高附加價值之保養品。

芙玉寶的創辦人因染上過瘧疾的關係，特別重視於個人清潔用品的產業，在 1977 年創辦公司的初期就生產香皂、沐浴

乳及洗髮精產品，並以自有品牌、代工生產兩個方向來研發及生產個人清潔用品。在自有品牌方面是透過家樂福、屈臣氏、小北百貨、億萬里百貨、名佳美、美華泰、寶雅、量販店及自有直營門市行銷；在代工生產方面則幫依必朗、里仁、水平衡、雪芙蘭、美吾髮、森田藥妝、麻豆農會、清境農場、統一超商、日本三麗鷗、雅芳集團、三洋維士比集團、皇后美學、馬來西亞新日喜集團、艾美酒店、喜來登、威士汀飯店等代工。

# 三、芙玉寶公司行銷策略

近年量販店及超市等通路商紛紛以自有品牌加入衛生清潔用品市場，以其通路名稱為自有品牌命名，大幅降低廣告行銷成本，因而能以低價進入市場，快速吸引品牌忠誠度較低的消費族群。此舉對多年經營品牌的專業製造廠產生莫大衝擊，加以國內清潔用品及化妝品市場已趨飽和，如何提升消費者的品牌忠誠度是公司未來的經營方針。

## （一）品牌與代工雙軌策略

建立品牌不難，幾乎只要簡單的行政程序就可以完成。但是，要建立一個強勢、有競爭力的品牌並不容易。經營品牌的關鍵在於能不能創造出獨特的附加價值。要做到這點，必

圖4　芙玉寶品牌代工

須不斷的創新，維持企業競爭力，畢竟有好的產品才能有好的品牌；其次，是要持續不斷的經營，累積口碑。更重要的是，企業必須能掌握消費者的需求才是關鍵。品牌經營成功，可以獲得的利潤確實高於代工。代工與品牌最大的差別，就是技術與研發。技術是指規格，研發是指對市場了解。品牌為什麼會獲利，是因為了解市場需求才去開發商品，所以「研發」之前要先確認有市場需求，而不只是不斷的鑽研技術規格的提升。

芙玉寶跟其他的代工廠不一樣的地方是公司一開始是從品牌做起的，會接受代工是因為其他品牌商對公司產品品質的肯定，芙玉寶也可以從代工的過程中吸收到品牌商對市場需求的理解，當然也可以分擔公司的管銷成本。雖然品牌之路十分辛苦，但在莫忘初衷的堅持下，創辦人張天耀仍堅持要發

展自己的品牌，不斷投入研發經費與人才培訓，為的是製造出品質優良的個人清潔用品，做好個人的衛生，就可以讓台灣可以降低發生瘧疾、新冠肺炎等傳染疾病的大流行。

## （二）產品開發策略：功能性肥皂

台灣氣候悶熱潮濕，皮膚經常發癢，一流汗就會黏答答，體味變重、起疹子。很多人以為是過敏，皮膚科醫師對這類不知原因的毛病統稱為「異位性皮膚炎」。市售肥皂的介面活性劑有超強去污力，在洗去髒污的同時，把保護肌膚的皮脂也刮除了，少了皮脂這層保護，會讓使用者短暫感覺乾癢不適。業者為了不讓使用者感覺乾燥不適，便添加矽磷類的表面填充平滑劑代替皮脂，達到肌膚光滑的效果，卻也造成毛孔堵塞，使肌膚呼吸困難。所以肌膚會自然地去分泌更多的油脂來包覆矽磷，再利用出汗來排除掉矽磷。這種惡性循環，久而久之造成皮膚過敏、油性皮膚及體味加重等現象。

阿原肥皂創於 2005 年，以台灣青草植物為主題，並融合古人漢方養生思維，成功的將在地產業帶進肥皂相關產品的開發，創造出台灣功能性手工皂的市場。芙玉寶的製造工廠在農業十分發達的屏東縣，有很多深具地方特色的農產品，也有不少的農業額外品、廢棄物可以加值再利用，為了環保、為了盡一份企業責任，公司將產品研發的重點放在農廢再利

用與生技加值上，以開發出屏東在地農特產的功能性肥皂。

## （三）通路策略：設立觀光工廠

經濟部工業局於 2013 年開始推動「觀光工廠輔導」相關計畫，協助輔導傳統製造業轉型，允許廠商設置實作體驗區、遊客休息區、餐飲、零售、文化、休閒服務設施，凡是具有觀光、歷史文化、教育價值的工廠，都可申請變更工廠用途成為觀光工廠，讓民眾一窺「活體生產工廠」全貌，加深產業知識與在地文化的認識，同時創造傳統產業第二春。

隨著第二代的接班與地方創生的政策鼓勵，芙玉寶創辦人開始思索工廠的轉型。由於兒子學的是餐飲，女兒在日本留學學習設計時愛上了義大利人，夫妻目前回屏東開設純義大利的手沖咖啡，加上地方創生政策的鼓勵，因此創辦人決定將工廠轉型為觀光工廠。雖然觀光工廠已不是一個新的概念了，但在南州鄉算是一個新的創舉。開設 DIY 的肥皂體驗課程，剛好可以測試消費者對屏東在地農特產結合的手工皂、洗髮精的接受度。而休閒遊樂場、賣場與餐廳的結合，可以讓更多的遊客來南州糖廠時，可以多一個停留點。更多的遊客來到南州，就可以帶動當地繁榮，進而可以吸引更多的青年返鄉，這正是創辦人想要對故鄉所做的回饋。

## （四）推廣策略：網紅行銷

芙玉寶除了本身的官網外，也在 Facebook 粉絲團、LINE 官方帳號及 YouTube 影片做社群行銷，在第一時間直接傳達活動消息以及推播新品資訊給所有會員。另外，消費者也能利用留言的方式來跟公司互動。

2020 年初公司接到網紅館長的洗髮精產品的代工，讓創辦人十分訝異網紅的銷貨能力，也開始思考公司是否可以透過網紅來推薦公司新開發出來的產品，跳脫傳統老王賣瓜式的硬銷售廣告。憑藉網紅對自家受眾的了解，可以找到合適的切入角來傳達產品的優點。另外，成為「專業網紅的代工廠」也是創辦人的另類想法，因為傳統清潔用品廠商的代工利潤實在太薄了，而網紅不管在銷量、利潤與付款條件上均不輸給統清潔用品廠商。

## （五）企業社會責任

企業社會責任（Corporate Social Responsibility, CSR）就是企業要能「取之社會、用之社會」，不光只是替股東賺錢而已，還要對社會、環境的永續發展有所貢獻。CSR 其實不是新概念，在中國傳統中有「儒商」、西方有「企業慈善家」，可見在這個名詞出現前，企業回饋社會的做法就已經存在。

芙玉寶創辦人由於曾在奈及利亞感染瘧疾的關係，所以才創辦個人清潔用品的公司。每每在感冒、腸病毒開始流行時，公司就會主動聯絡偏鄉國小、養老院，捐出個人清潔用品。偏鄉醫療不發達，小孩、老人生病很容易引發其他疾病，這是創辦人的切身經驗，也是芙玉寶可以善盡的社會責任。

# 四、芙玉寶公司關鍵成功因素

## （一）靈活的品牌策略

從代工的過程中吸收到品牌商對消費者需求的理解，不斷投入研發經費與人才培訓以滿足品牌商挑剔的要求。公司是以品牌起家的，深知道品牌商的需求，也能將心比心的將客戶的產品當成自己的產品來看待，所以可以跟代工的夥伴維繫長久的客戶關係，不會因自家公司有自有品牌而造成雙方間的矛盾。

## （二）靈活的銷售策略

跟上地方創生的政策潮流來設立觀光工廠，不但可以滿足消費者食遊玩購的需求，也可以在幫助在地農特產的生技加值、測試新產品的消費者回饋，為自己的產品及代工的產品提供上市推廣時的參考。另外，隨著網紅銷售的興起，也主動提供優惠的合作方式來跟網紅合作，不但可以提高公司的

曝光率，也可以為自己的營收帶來增長點。

## （三）正面的公司形象

「取之社會、用之社會」的經營理念讓公司有很好的社會形象，不但為公司帶來不少的代工訂單，也吸引了不少消費者到觀光工廠遊玩時帶動了產品的銷售。

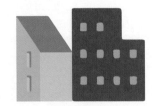

# 參考文獻

1.  http://www.freepower.com.tw
2.  http://www.twcpia.org.tw/tw/index.asp?au_id=1&sub_id=27
3.  http://w3.tpsh.tp.edu.tw
4.  https://csr.cw.com.tw/article/40743

---

作者簡介

## 郭子弘 助理教授

現任國立屏東大學行銷與流通管理學系助理教授，專長在中小企業創新、行銷策略與網路行銷，曾任創新育成中心主任、李時珍醫藥集團顧問，目前擔任華懋科技 ( 股 ) 獨立董事、邑山社區大學副校長。

# 第六章

# 大田精密工業

/ 黃露鋒

# 一、大田精密工業公司介紹

**公司基本資料**

| | |
|---|---|
| 核准設立日期 | 民國 77 年 7 月 18 日 |
| 公司地址 | 屏東縣內埔鄉豐田村建富路 8 號 |
| 負責人 | 李孔文 |
| 員工人數 | 300 人，台灣廠為研發、業務與管理中心 |
| 資本額 | 8 億 3800 萬元 |
| 分公司分布現況 | 大陸生產基地包括：惠州、江西 |

大田精密工業股份有限公司（以下簡稱大田精密）為台灣本土在地的成功企業，地處於屏東內埔工業區。公司發展歷程從 1973 年開始發跡，1988 年創立大田精密，以高爾夫球頭金屬精密鑄造為主要核心技術，接受日本與美國著名品牌的代工服務（OEM），例如日本的 BS、HONMA、MIZUNO、三菱等，美國的 PXG、TITLEIST 等，逐漸結合藝術文創美學的設計能力，提升到研發實力堅強、產品品質優良、服務完善之專業高爾夫 ODM 廠商。李孔文董事長從墾丁鵝鑾鼻起家，1995 年帶領大田精密 20 餘載，利用豐田管理模式，除了發行股票上市之外，2003 年從南台灣把企業帶向國際自行車，近年來受到媒體大眾持續的關注。

大田精密目前主要產品（如圖 1）為高爾夫球頭及其半成品之製造、委外加工、裝配及銷售，其他發展中業務有碳纖複合材料運用在運動器材，如自行車車架及成車，並發展自行車

圖 1 　大田精密產品組合

自創品牌 VOLANDO，2015 年推出工藝美學品牌－ ALLTAS 不銹鋼水龍頭系列精品。

## 二、產業市場現況

### （一）高爾夫球產業現況

目前全球高爾夫運動市場主要以歐美日為主，需求占整個市場的 90% 以上，近來中國、韓國、印度等高爾夫新興市場的成長，及女性高爾夫新興市場需求預估將逐漸成長。根據大田精密 2019 年度年報指出，因為 2020 年奧運加入了高爾夫賽事的推力，總體的高爾夫運動產業市場普遍看好。

全球高爾夫球具市場中，2011 年明安與大田共占 50% 的市占率，大田精密占全球市場 17% 的比重，所銷售的高爾夫球頭、球具、球桿共計 683 萬支，為台灣高爾夫球代工廠的三大巨頭之一，營業額更達新台幣 43.7 億元（劉燊楓，2012）。2019 年，大田精密在球頭、球具與球桿出貨量為419 萬支，營業額 39.2 億元，估計全球市場占有率約為 7%。2020 年台灣因為新冠肺炎疫情影響，國內高爾夫球具代工四雄（復盛 6670、明安 8938、大田 8924、鉅明 8928）衰退頗深，但下半年度為出貨旺季，可望回轉（顏瑞田，2020）。依據大田精密 2019 年度年報資料指出，如果全球一年生產6,000 萬支高爾夫球桿，國內高爾夫球具生產的四大巨頭包括：大田、復盛、明安、鉅明，其生產球具加總約占全球市場市占率達 50% 以上。

## （二）自行車產業現況

台灣有世界知名的自行車品牌，如捷安特、美利達及利奇等知名業者，40 餘年來讓台灣有「自行車王國」的美譽。中央及地方政府一手打造台灣「自行車島」設計製造加工的全球形象，再加上國內「微笑單車」YouBike 服務的成功經驗，更讓台灣自行車產業走向多元服務的三級產業（王宇祥，2020）。2018 年台灣自行車產業產值達 1,153 億元，成車市占率在歐盟排名第一，在美、澳、日、韓進口市占率均居第

2。近年台灣電動自行車出口值直線攀升成長最為快速，2018年出口金額 3.8 億美元，年增 52.7% 為歷年新高，主要出口市場在積極推廣綠能及運動休閒風氣盛行的歐美國家，加上高齡人口的輔助需求，帶動電動自行車需求持續高速成長（經濟部統計處，2019）。

大田精密 2010 年創立 VOLANDO 自行車品牌，除了原兼備高科技與高功能之外，也融入族群美學藝術的文創元素，並在 2011 年獲台灣百大品牌及第一屆國家產業創新獎「績優創新企業獎」的肯定，結合「文創美學設計」，已連續 9 年，有 16 款精品自行車獲得台灣精品獎、國家金點設計獎、大陸設計紅星獎、亞洲設計銀質獎等獎項肯定。目前高雄有一家直營門市及多家經銷自行車維修據點，提供到府專屬服務，以「單車租賃」及「單車經典／越野系列活動」，創造品牌價值與識別度，以車會友，觸動需求，擴展公司的業績數量。

## 三、大田精密關鍵成功因素

大田精密在近 50 年的發展的歷程中，仍然是市場上的佼佼者，綜合其各個階段轉變，可以歸納出幾點關鍵的成功因素（如圖 2）：在學習成長面，大田的公司組織改革與時俱進，在客戶服務面也慎選優勢市場來進攻；在操作營運面，公司組織引進豐田管理的先進系統，並堅持站在客戶的立場來解

決問題；在行銷服務面，不斷的創新產品，超前客戶的服務需求來感動客戶，並積極的參展、參賽與行銷，把最好的產品主動積極推銷給主要客戶；在永續經營面，公司秉持創新研發的理念，並為了提升代工製造的位階，增加自明性，而自創品牌。

圖2　大田精密關鍵成功因素

## (一) 轉型與時俱進

大田精密隨著時代與科技的演變，從木製與鐵製的球頭、球桿，洞察市場的技術先機，積極改變融入新的科技與材質（如鈦金屬），也從單一材料發展出複合材料的關鍵製造技術，可以製造更多更廣的產品，而增加市場競爭優勢。

## （二）引進先進管理

大田精密為了改進公司作業的環境與製程的良率，大膽引進豐田生產系統（TPS: Toyota Production System），貫徹執行後逐漸獲得成效，改善了公司的製程作業，提升員工的作業環境，增加了產品的生產良率，更累積了公司自有知識。

## （三）超前感動服務

根據大田精密的品質政策，強調以「客戶的需求」及「與客戶共存共榮」為焦點，客戶服務政策根據業主快速反應市場的需求，運用豐田生產系統，目標性地進行內外部流程的服務與管理創新，發展出一套最適於大田精密製造服務的系統，以期達到客戶滿意，並永遠基於客戶的成本與快速反應市場的需求，超前給予客戶最好的產品與服務。

## （四）持續創新研發

大田精密在研發方面時時掌握市場脈動，持續厚植研發實力，不斷研發符合客戶需求的創新產品，並致力於縮短研發時程，符合客戶快速產品上市時間的需求，以達雙贏。

## （五）進攻優勢市場

大田精密長期經營利基市場，並研究市場需求與潮流趨勢，鎖定生活用品與運動用品供應商，站在時代流行的浪潮上，隨時提供優良的產品給優勢的市場供應商，致力成為最有創意的民生日用精品與運動器材公司。

## (六) 站在客戶立場

在客戶服務面向，基於現代的產品生命週期短，科技日新月異的競爭環境之下，需要快速／節省成本的，以誠信的態度與務實的做法，提供品質與數量的快速反應生產計畫，給予客戶確實與即時（just in time）的服務，客戶的成功就是大田精密的成功。

## (七) 行銷解決方案

大田精密除了因應日新月異的競爭環境之外，也日日新又日新的研發創新的技術與服務，並參加國內外比賽（例如：台灣精品獎、國家金點設計獎、大陸設計紅星獎、亞洲設計銀質獎等），積極參加國內外展覽，並主動提供研發創新的解決方案給客戶，以求在整個產業上的共存共榮。

## (八) 自創優良品牌

為了更積極的接觸與服務末端的使用者，大田精密實施施振

榮先生提出的微笑曲線，除了在一端做研發技術的工作，另一端也開始在 2010 年創立 VOLANDO 自行車品牌，要逐步跳脫製造設計業的範疇，整合技術做成全方位的品牌，以擴大市場的競爭力。

# 四、大田精密經營管理策略

## （一）策略地圖

大田經過了豐田生產系統的即時生產（JIT）的生產線改革，以及 ISO9001 的品質認證，建立了一套策略發展與評估審視的決策過程。本文分析大田個案，以策略地圖的四個面向來呈現大田精密的策略地圖（如圖 3）。策略地圖應該由下而上來解釋說明整體的邏輯：在企業內部應有學習與成長的機制，大田精密擁有以台灣為研發基地，培養優秀研發團隊提升產品品質；在中國以低價勞力成本做為價格競爭優勢，內部管理以豐田生產模式來增加產能、降低囤貨成本、引進自動化設備，提高生產良率，來降低失誤率的成本。提供客製化的研發服務的技術，並做專利佈局，使得研發的技術都可以有專利收入回饋；自我開發的自行車自創品牌，融入台灣的文化元素，發揮文化美學設計，讓產品的品質與產量都可以驚艷市場。

在操作管理上，提供製造加工的客戶一次購足的整體性服

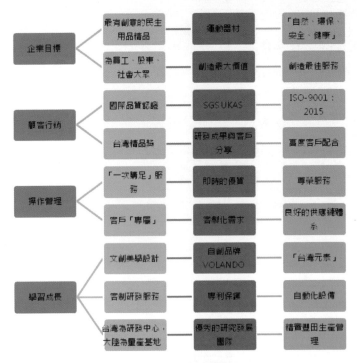

圖3　大田精密策略地圖

務，從設計、生產、到配銷，在大田都可以有適切的解決方案。在每一種服務層面都提供客戶即時的優質與尊榮服務，客製化並提供客戶專屬專人的服務，以良好的供應鏈系統整合，讓客戶可以掌控全部的製造生產流程，增加客戶的安心與信賴感。

在顧客行銷端，參加國際多種認證，包含 ISO90001，SGS 等的認證，給消費者最安心的產品與服務，也參加國內外的獎

項，獲獎連連；除了讓評鑑來肯定大田精密的品質之外，也藉此主動提供研發成果行銷給目標客戶，並告訴客戶不管在品質技術或是即時服務上，大田值得客戶信賴。

最後，這些的策略都將回應公司永續經營的企業目標：立志作為最有創意的民生用精品與運動器材設計製造公司，以自然、環保、安全、健康為製造民生用精品為宗旨，為員工、股東、社會大眾提供最佳的服務，創造最大的價值。

## （二）企業社會責任策略

大田精密公司對員工有完整的新進員工訓練課程，為了開發員工多方面的才能，並增加內涵與競爭力，大田公司發展了多樣化內部的訓練課程，以提升員工專業能力。工作與退休方面皆符合勞基法相關的規定，並提供績效獎金，激勵員工可以自我成長與企業同時成長。

大田精密除了本業之外，對外社會企業責任上也做了許多的努力，不間斷的提供藝術工藝家異業結盟的機會，董事長身兼慈善事業職務，對慈善活動投入，不遺餘力，包括擔任財團法人佛教慈濟慈善基金會榮譽董事、財團法人祥和社會福利慈善基金會執行長、以及財團法人紅十字育幼中心董事等，對社會的回饋不遺餘力。

## （三）商業模式與企業願景

大田憑藉著數十載的經驗與軟硬體的累積，已經有了一個成熟的商業模式（如圖4），並與時俱進的整合不同的技術，引進日式豐田生產系統，參與國際認證，自創品牌，申請與佈局專利，增加企業本身的關鍵資源。結合關鍵的夥伴，透過一次購足的服務模式，提供即時的設計製造專屬服務與需求客製化，是大田的關鍵活動。持續不斷的研究發展，並適時地將研發成果主動的與客戶分享，並透過網站、參展、參賽等方式作為行銷通路，針對世界知名高爾夫與自行車品牌廠商，來促銷大田精密的產品品牌。以高度配合的態度與做法，讓顧客感受卓越、即時的優質尊榮服務。大田精密以高

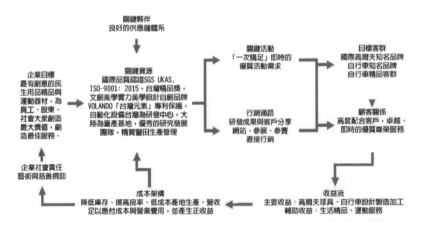

圖4　大田精密商業模式

爾夫球與自行車設計製造之營收為主，以生活精品與運動用品之收入為輔；引進先進管理系統，降低庫存、提高良率、低成本產地生產。其營收足以應付成本與營業費用，並產生正收益。公司有賺錢，對社會的回饋貢獻也不惶多讓，長期支持藝術家與捐贈慈善機構。最後，大田精密的經營願景在於─成為最有創意的民生用品精品與運動器材，為員工、股東、社會大眾創造最大價值，創造最佳服務。

# 參考文獻

1. 王宇祥，2020，台灣的驕傲—自行車產業的機會與挑戰。台灣徵信所，http://www.credit.com.tw/NewCreditOnline/Epaper/ThemeContent.aspx?sn=76&unit=489

2. 經濟部統計處，2019，當前經濟情勢概況（專題：自行車產業發展概況）。當前經濟情勢

3. 劉嫈楓，2012，飛翔遨遊的品牌夢——大田精密成功轉型。光華雜誌，https://www.taiwan-panorama.com/Articles/Details?Guid=15a16db0-5f26-41e2-8f09-22fddf012777&CatId=9

4. 顏瑞田，2020，高爾夫球代工四雄出運 旺到年底。工商時報，https://ctee.com.tw/news/stock/317613.html

---

**作者簡介**

# 黃露鋒 副教授

現為國立屏東大學客家文化產業碩士學位學程副教授，兼任學程副主任與客家研究中心主任，畢業於澳洲 Griffith University 觀光、休閒、旅館與運動管理學系，目前擔任台灣六堆觀光產業發展協會秘書長。

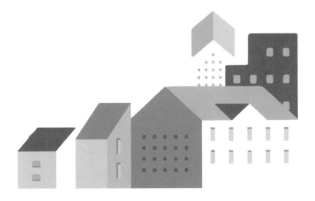

# 第七章

# 國興畜產

/ 朱全斌

# 一、國興畜產公司介紹

公司基本資料

| 核准設立日期 | 民國 85 年 10 月 1 日 |
|---|---|
| 公司地址 | 屏東市工業一路 11 號 |
| 負責人 | 林桂添 |
| 員工人數 | 400 人，公司部門包括：業務部、生產部、總管理部、畜產事業處、蛋雞事業處、轉投資事務處及秘書室 |
| 資本額 | 7.5 億元（2019 年） |
| 轉投資公司現況 | 長輝事業、國興冷凍肉品、山水畜產開發、凱馨實業、興禽食品、台達蛋品科技、國興鮮 |

踏入設立悠久進駐廠商約 140 餘家，位於屏東市南方的屏東工業區，國興畜產雖非該工業區行業類別排行前三名的金屬製品製造業、食品與飲料製造業及塑膠製品，但卻在工業區

圖 1　國興畜產股份有限公司彰濱廠外觀

立足已久，廠房高聳巍峨，進出貨頻繁，這幾年更是蓬勃發展。

初初踏入國興畜產，馬上感受到忙碌的氣氛，迎面而來親切的接待人員，引領穿過精簡務實的辦公區域，來到開放式的會客廳，在在無不顯出資深傳統產業的氛圍。在與創辦人林桂添董事長交換名片後，眼見一位具有樸實簡約剛毅內斂的長者風範印象不禁浮現腦海之中。隨著訪談的開啟，林董事長慢慢顯露出真誠幽默直爽的風格，時而娓娓道來，時而眉飛色舞，讓人漸漸沉浸於創業甘苦與擴展喜悅的心路歷程分享中。

林董事長出生於屏東縣萬丹鄉，3 歲時父親過世，高農就讀一年又因母親離世而輟學，17 歲即一肩扛起家計。林董事長在農村中成長，在年少時觸目所及農村經濟均仰賴家禽家畜的提供，因此明瞭在農村經濟的供應鏈中，家禽家畜的飼料扮演了一個非常重要的角色[註1]，故立志投入相關飼料的業務，於 1992 年成立國興行，主要經銷販賣畜禽完全配合飼料。經歷過草創與摸索的階段後，憑藉著熟悉的經驗，於 1996 年10 月 1 日創立國興畜產公司並開始營運，設廠在屏東市工業一路 11 號。初期營業項目主要為畜產飼料製造，用以服務家

註1 以肉豬為例，其直接成本中飼料大約占總成本的 60% 以上 ( 詹盛元，2019)。

鄉從事畜牧業之鄉親，迄今從事本產業已 50 餘載，堪稱屏東飼料業的活字典及飼料達人。

惟在國興飼料成立不久即遇上 1997 年爆發的口蹄疫情，當時豬肉價格從原本的每百公斤 4,000 元一落千丈，跌至每百公斤 2,000 元以下，甚至跌破千元，造成豬肉市場有行無市，以致許多傳出病豬的養豬場，寧可撲殺病豬，以領取每百公斤 2,400 元的補助金，也不願意繼續從事養豬事業[註2]，造成養豬業從 1,800 萬頭的在養數量萎縮至不到一半，幾乎無法生存；後又遇到 2002 年我國加入 WTO 開放農產品進口，毛豬產地價格一度價格降至生產成本以下（韓寶珠，2002）等等，對飼料業衝擊頗巨，值此期間諸多飼料公司應聲倒閉或慘澹經營。

當詢問林董事長上述歷程時，雖然臉色略顯黯淡，似乎回憶於過往的驚濤駭浪中，但仍是平靜的道出屬於林董事長的生活哲學：樂觀面對。不論是遇到口蹄疫情時豬隻數量銳減而導致飼料銷售陡降，或是因為加入 WTO 開放農產品時，外國肉品輸入造成養豬數量下降的衝擊，全部均以台灣民眾喜歡本土肉品的偏好，以及在地肉品提供具備新鮮及口感佳

---

註 2　在 1997 年 3 月 20 日台灣口蹄疫爆發之前，台灣的養豬戶有 25,357 戶、飼養豬隻 1 千多萬頭，原先超過稻米產值占農業產值 20% 以上，每年產值高達 886 億新台幣的養豬產業，瞬間瓦解消散。（口蹄疫期間撲殺了 385 萬頭豬，經濟損失達到 1,700 億以上，直至 2019 年我國才正式轉為口蹄疫非疫區。）https://www.newsmarket.com.tw/blog/122327/

的優點，斷定市場一定僅在短期受到影響，未來前景依然可期。顯見得林董事長的沉穩，更看得出對飼料產業的期望與執著。就在林董事長的帶領下，國興不但挺過一次次衝擊，更邁向成長茁壯的階段。

嗣後在林董事長的領導及全體員工一心戮力實踐「畜產飼料、國興照料、關懷鄉親、國興用心」的理念下，與鄉親們共度艱難，迄今不但屹立直挺，更化危機為轉機，創造更輝煌的成績，公司規模自初創時之資本額新台幣1億2千萬增加至7.5億元、員工人數由 30 人增加至 2019 年 400 人、年飼料銷售量由 4 萬餘噸提高至超過 50 萬噸、年營業額由新台幣 3 億 7 千萬元擴增至 2019 年 73 億餘元之經營成果，並逐步完成上下垂直整合、多角化經營，達到公司永續經營的願景目標。

# 二、國興公司產業市場現況與市占比率、 生產線及產品

根據行政院農業委員會 2019 年的統計資料[註3]，全國由飼料工廠製造出售之商業性配合飼料工廠約為 115 家企業（包含畜產 80 家企業及水產 57 家，同時兼產畜產及水產共 22 家企

---

註3 台灣地區配合飼料工廠數目統計表係指 2019 年 1 月至 12 月止有提報產量之工廠數，包括台灣省 50 家、桃園市 1 家、台中市 10 家、台南市 36 家、高雄市 18 家，合計 115 家。

業），配合飼料包括畜產 5,384,493.2 公噸，水產 436,331.1 公噸，合計 5,820,824.3 公噸（不包括畜牧場、水產養殖場等之自製飼料在內）。其中全國豬飼料產量為 1,301,545.5 公噸，國興約占 5.09%、全國肉雞飼料產量為 999,389.4 公噸，國興約占 4.40%、全國有色雞飼料產量為 727,696.6 公噸，國興約占 25.45%、全國蛋雞飼料產量為 1,476,914.2 公噸，國興約占 6.98%、全國肉鴨飼料產量為 438,082 公噸，國興約占 21.94%、全國蛋鴨飼料產量為 138,961.4 公噸，國興約占 20.43%、全國肉牛飼料產量為 16,578 公噸，國興約占 12.87%；水產中全國尼羅魚飼料產量為 87,920.2 公噸，國興約占 2.28%。

國興畜產的生產線，大致可分為下列幾項：

## （一）飼料廠

分布於彰化、斗六、屏東等地，其中家畜飼料的生產包括牛料與豬料，而家禽飼料則包括土雞料、蛋雞料、肉雞料、蛋鴨料與肉鴨料等產品。

飼料產品本於「全員品保・生物安全・全民健康」的品質目標，用於各種規模畜牧場飼養之豬、雞、鴨，各類飼料依各成長階段所需之營養成分，經由本公司專業配方師精心調配，品質優良，深受各畜牧場愛戴選購。而在秉持「服務至

上‧品質保證‧顧客滿意」的品質政策下，國興畜產擁有專業獸醫團隊，若家畜健康出現狀況，獸醫師會親臨現場，針對現場家畜情況做最適切的處置與治療，並嚴控藥品的停藥期，讓家畜的健康與食品的安全獲得最佳保障，增加顧客滿意度；再加上國興通過 ISO 22000：2005 與 HACCP 的畜產飼料製造、銷售的食品安全衛生管理系統認證，更提高品質安全可靠。

# （二）冷凍廠

座落於彰化的大城冷凍廠，由於屠宰場具有屠宰登記證，採用百分之百電宰，器具方面都定期清潔與消毒，全程使用吊掛方式，避免與地板接觸，使細菌不會污染肉品，屠宰均由駐廠獸醫執行衛生檢驗，為品質嚴格把關，使消費者安心。

冷凍廠的產品說明如下：

## 1. 生雞生鴨

為消費者的健康把關，飼養過程不打抗生素及生長激素，飼料飲水嚴格把關，空氣流通，一定週數才屠宰；而為保安全無虞，具有屠宰登記證，百分之百電宰，器具定期清潔與消毒，全程採吊掛式與地板不接觸，無細菌污染，屠宰時由駐廠獸醫執行衛生檢驗。

## 2. 薑母鴨

由通過 ISO 與 HACCP 各種食品認證的公司精選老薑配上秘方調理，用心調配，薑味、麻油味與高湯溫醇為一體，味美濃郁甘甜，食後通體暖暢。

## 3. 茶鴨

用來自英國櫻桃谷（Cherry valley）的品種櫻桃鴨製作。櫻桃鴨在屏東飼養，由通過 HACCP 及 ISO 認證合格的公司用獨特的甘蔗煙燻，清香鮮甜不油膩，帶出鴨肉甜美有嚼勁的口感，採用真空包裝鎖住鮮美味道。

## 4. 油雞

來自屏東縣，用飼養 4 個月的台灣正港放山雞，皮 Q 肉厚，由通過 HACCP 及 ISO 認證合格的公司用古法醃漬入味，再淋上頂級特製油包，讓顧客吃到整隻雞的鮮美滋味，採用真空包裝鎖住鮮美味道。

## （三）油脂廠

位於高雄湖內，係以轉投資的長輝事業以「味之原」品牌行銷生產，通過 TQF 台灣優良食品、HCCP、ISO22000：2005

及 HALAL（社團法人台灣清真產業品質保證推廣協會）等的認證，品質有保證。

## （四）蛋雞廠

包括大武山牧場、呈昊牧場（雲林麥寮）及天地人牧場（台南關廟）等廠，皆使用國興牌純植物蛋白配方飼料，三場皆為高科技密閉水簾式養殖，並取得各種農產品認證，例如 CAS、HACCP、ISO22000、人道飼養、產銷履歷，且產銷全程自主直接掌控，配上完整網路串連，源頭追溯明確，能提供穩定安心的蛋品來源，有效降低食品安全風險。

## （五）畜牧場

包括有大勝、新埤、麻豆等畜牧場，畜養超過 5 萬頭豬隻，皆使用國興畜產的無藥殘飼料餵養，產品安心無虞。

# 三、關鍵成功因素

## （一）專注本業上下游一條龍整合

有鑑於自 1980 年代開始，飼料生產技術已逐漸純熟，但市場卻日趨飽和，業界競爭趨於白熱化，飼料業的獲利慢慢由 6% 左右日漸降低，於是進入優勝劣敗的競爭與整合時期（洪

平，1998）。國興畜產因應此一趨勢，採行專注本業以上下游一條龍註⁴整合方式，陸續透過產業轉型及擴充等方式，將原本的飼料生產，逐漸發展成為上中下游整合方式（請參考圖2），亦即以飼料製造業出發，陸續延伸到豬場、種豬場及蛋雞牧場等的畜牧業，再跨足屠宰、冷凍、加工廠與油脂廠以生產如蛋品、生鮮肉品、熟食肉品與沙拉油等消費性產品。

在擴展過程中，國興畜產一直堅守本業，因此從發展歷程中可以發現，無論是本業或是轉投資的消費性延伸產業，均以畜牧業為核心；另外也可以觀察到，飼料及畜牧方面係直接由企業本體經營，而相關的消費性延伸產品則一律採以轉投資事業負責（請詳圖3），除可以方便建立消費產品的品牌外，亦可以透過轉投資方式避免因為多角化經營而損及本業。

圖2　組織發展沿革

註4　大型財團的農畜經營者，將種畜、飼料、契約養殖、屠宰、畜產加工、超市，整個環節均自己來，各部門產業有可能遇到不景氣，但合起來絕對有利可圖，更保證飼料業績之迅速成長。（洪平，1998）

## （三）提供專業的製造工廠及專業分工的飼養管理技術服務

由於公司業績持續成長，且屏東廠產能已達飽和，故耗資新台幣 6 億元於 2012 年 5 月 6 日在彰濱工業區設置彰濱廠。為保護相關業務與客戶，且為國興畜產和產品使用者提供信

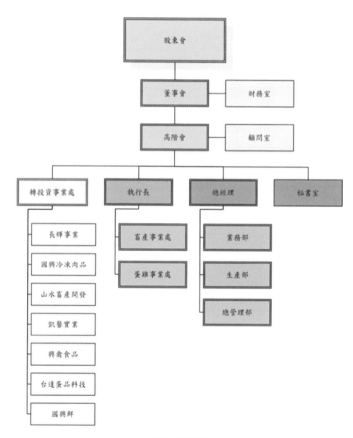

圖 3　組織圖

心，以確信其有能力管理食品安全隱患，並實施適當的控制措施以減輕或消除危害，預防食品危害事件節省更多的資金，促進持續改進為企業提供競爭優勢，並考慮相關人力資源需求，因此申請並通過 ISO22000[註5]認證，以便在滿足法律和其他要求的同時，協助將產品打入國內和國際市場。而取得 ISO22000 的認證，意味著國興畜產開始朝向建立業務目標以支持食品安全，傳達滿足標準、法規及了解法規與客戶要求的重要，提供足夠的資源來建立、實施、操作、監視、審查、維護和改進「食品安全管理體系－食品鏈中任何組織的要求」（Food safety management systems- Requirements for any organization in the food chain(FSMS)），並任命食品安全團隊負責人管理 FSMS 的實施等方向邁進。

彰濱廠基於避免食品製造過程中可能出現之危害，故於製程中針對重要管制點予以控制，以達到最後成品內不致發生危

---

註5　ISO22000 係指食品製造商，零售商和服務運營機構或食物鏈中涉及的任何其他組織，已經建立了系統的方法來證明其控制食品安全危害的能力，以確保在人類食用時食品是安全的。通過遵守這些標準，可以幫助相關組織遵守相關食品法規以及食品安全和處理方面的其他要求。（https://translate.google.com.tw/translate?hl=zh-TW&sl=en&u=http://www.jsm.gov.my/ms-iso-22000-2012-food-safety-management-systems-requirements-for-any-organisation-in-the-food-chain&prev=search&pto=aue）

害，所以申請並通過 HACCP[註6]（Hazard Analysis Critical Control Points）認證。

2018 年又於雲林斗六工業區正式啟用斗六廠，從原料到成品出貨運輸過程皆完全空白無藥物殘留，並通過 ISO22000 與 HACCP 認證，為畜牧業提供更優質與效率的飼料及替食品的上游產品安全把關，期能為消費者提供更嚴格食安標準的肉品及蛋品盡一份心力。

## （四）高層決策靈活且快速

由於林董事長成長於農村，並立志朝畜牧業發展，因此對於畜牧業的供應鏈及行銷方式非常熟悉，歷經多年農村經濟的更迭變化，了解市場及供需的消長影響，加上具有從基層服務供銷的經驗，面對產銷決策能快速應變，靈活因應面臨的挑戰及考驗。

## （五）注重員工的福利及人才庫的培養

註6　HACCP，即危害分析與重要管制點認證，是於 1960 年代為應用於確保太空飲食安全之一種食品衛生安全生產管理系統制度，由美國太空總署（NASA）、NATICK 陸軍實驗室及一家民營食品公司（PILLSBURY）共同開發出，是一套強調須先分析明瞭食品製造過程中可能出現之危害，並於製程中找出重要管制點在食品製造時即予以控制，使危害不致發生於最後成品內的預防系統。主要涵蓋危害分析（HA）與重要管制點（CCP）二部分。（http://www.chinese-haccp.org.tw/content/index.asp?Parser=1,3,12）

國興畜產在員工福利上，處處展現出對員工的保障及重視，將公司視為一個大家庭，員工就是家人，提供員工健全的工作環境及良好的福利制度，尤其重視人才的培育；並以員工的日常表現及績效，不定期調薪，獎勵表現優秀的員工，使員工更願為公司貢獻所長。其中特別的獎勵制度係強調整體經營獎酬共享，例如對於生產業績獎金的發放對象，並不限於直接的生產部門，而係採用參與者共享的機制，因此不論是直接間接部門，生產線上或內勤服務單位，只要有所貢獻都能獲得，這制度讓全公司群策群力，共同負責，產生莫大的凝聚力，也成為一個專屬於國興畜產的企業文化。

也由於重視團隊合作，公司舉辦大型活動會成立專案企劃小組規劃，藉由彼此討論，增加員工參與感，凝聚向心力，不僅使員工發揮所長為公司盡一份心力，更提供雙向溝通的管道，替員工解決工作瓶頸。因此，員工從聘用一直任職到退休的比比皆是，更有放棄公職機會慨然就職的員工，達到員工世代交替生生不息的偕同公司一起永續成長發展，共存共榮。

## （六）董事長務實經營，由上而下樹立正派經營理念，引導出正向的企業文化

林董事長因為從基層參與事業的發展，深深了解到正派經營

的理念是公司永續發展的基石，因此不論是生產、採購、行銷或管理，無一不是由道德良心出發，善盡產業倫理，適法適性，循規蹈矩從不踰越，因此由林董事長自身做起，包括家族，公司與員工都嚴守紀律，自然而然導引出正向的企業文化。

## （七）堅持原料自製溯源履歷

我國飼料廠的經營模式多元，但不論規模大小大多常採用契養模式，雖可迅速增加產量提高產值，但對於原料的提供品管就成為一個共通的問題。國興畜產不同於坊間同業，堅持以產銷一貫的方式，努力提升自有牧場的規模與飼養數量。雖耗費較高的成本與經營心力，也由於蛋雞、豬隻均係由多個自有牧場畜養，不僅提高相關飼料銷售的穩定度，還可藉此改善飼料效率表現與達到培養畜牧飼養專業等優點。

# 四、管理策略

## （一）一條龍

國興畜產由於擁有自己的飼料廠與牧場，因此可透過對自己養殖的畜禽場對所產飼料的效能進行一條龍的研究。有鑑於最低成本之配方，對飼養者而言並不一定是最高利潤，更何況對於飼養者而言，影響利潤之因素除了飼料外，尚包括飼

養成績、屠體品質、原料價格、飼養方式、品種、氣溫、飼養密度、性別、管理方式……等因素（洪平，1998），更凸顯國興畜產可透過自身的牧場，對自養家畜進行測試，以得到最佳的飼料配方及家畜飼養模式，並可透過真實的檢測，得知相關因素或條件對家畜的影響，大大降低產銷間的資訊不對稱與提升對產品市場需求的認知。

## （二）多角化、大型化與集團化經營

國興畜產有鑑於畜牧業的供應鏈遍及飼料製造與家畜養殖，而最終的消費產品則可分為生鮮肉品及熟食，因此除必須藉由拓展生產規模來擴大市場占有率，以具經濟規模的產能來降低成本外，更需發展出由自己本業的飼料生產，一條龍強化並進行垂直整合種畜、屠宰、食品、通路、原料等業務，再透過相關多角化經營漸漸跨足於牧場、冷凍廠、蛋雞廠及油脂廠，形成一個網狀的農業經濟產銷網，因此可跨業結合與彈性調配，逐漸呈現規模經濟與完整的生產體系。

## （三）食安為本

為強化食安的保障，國興畜產申請並獲得各項認證，在在顯示以食安為最重要的使命與原則，且為避免契養無法保障品質與供需的限制，實施產銷一貫化，達到生產履歷溯源，並可提供供需的調節與品質的保障。

## (四) 企業社會責任

林董事長有感於「取之社會、應用於社會」之責任，積極參與公益活動，曾請屏東縣政府指導舉辦「寒冬送暖」放山雞及燻茶鴨義賣活動，在台北縣市、台中市、高雄市、屏東縣等全省 6 場巡迴義賣，共義賣 10 萬隻羽放山雞與燻茶鴨，各界反應熱烈，所得悉數捐贈屏東縣政府社會處統籌運用救助縣內立案兒童少年福利機構。此舉讓整個寒冬增添許多人情味與溫暖，並使他獲有「愛心鴨王」之美稱。

國興畜產公司曾努力不懈連續舉辦了十屆「熱情屏東人、千人捐熱血」活動，並於每年冬季舉辦。每年皆盛況空前，捐血人潮不斷，此舉不但有效帶動民眾捐血風氣，也充裕了醫療用血，及時挽救寶貴生命。

以上以企業責任為根本的嘉行義舉，顯示林董事長為人務實和善，愛心遍及全國，秉持回饋鄉里的心情，對公益活動不遺餘力。

## (五) 未來發展

國興畜產對於未來的展望，抱持堅守本業，擴展全局的願景，透過規劃轉投資事業的公發上市，善用全民資金的挹注，擴充產能提高品質，發揚台灣畜產事業，行銷海外，成為品質至上，食安為先的永續企業。

# 參考文獻

1. 行政院農業委員會，108 年台灣地區配合飼料產量調查報告，2020/04。

2. 洪平，1998，台灣飼料業經營策略的演變，飼料營養雜誌（11）：4-13。

3. 韓寶珠，2002，加入 WTO 以來重要農產品進口、價格及產銷情形，行政院農業委員會，「農政與農情」（123）：2002/09。

4. 詹盛元，2019，畜牧業基本資料，台經院產業資料庫。https://tie.tier.org.tw/db/content/index.aspx?sid=0J182609965605202263&mainIndustryCategorySIds=0A007646519353098882

5. 國興畜產股份有限公司網頁：http://www.kuo-hsing.com/

---

**作者簡介**

# 朱全斌　副教授

國立政治大學會計學博士，現任國立屏東大學會計學系副教授，曾任會計學系系主任、安侯建業聯合會計師事務所副理，具有會計師證照及內部稽核師證照，專長為審計、財務會計、財務報表分析。

# 第八章

# 金皇企業

/ 陳宗輝

145         

# 一、金皇企業股份有限公司介紹

公司基本資料

| | |
|---|---|
| 核准設立日期 | 民國 65 年 4 月 23 日 |
| 公司地址 | 高雄市大寮區鳳林二路 566 號 |
| 負責人 | 陳思明 |
| 員工人數 | 1,000 人 |
| 資本額 | 12 億 |
| 分公司分布現況 | 屏南廠、屏南二廠、屏南三廠、屏南五廠、屏南六廠、屏南七廠 |

金皇企業股份有限公司位於台灣高雄，成立於 1976 年，主要生產各種辦公椅產品。為了實現垂直生產的完整性，在生產線上投入了大量資金，涵蓋每個流程，並自行製造所有零件，包括鋼製零件和注塑零件。憑藉質量的一致性和多樣化的設計，金皇的產品已獲得全球市場和消費者的高度認可，但從未停止追隨不斷變化的世界趨勢。

圖 1　金皇事業股份有限公司

# 二、家具製造產業市場現況

行政院主計處行業分類標準（2006 年 1 月），家具製造業是指從事各種材質（陶瓷、水泥及石材除外）之家具及裝設品製造之行業。本類家具可用於家庭、辦公室、學校、實驗室、旅館、餐廳、電影院等場所；家具之表面塗裝亦歸入本類。在行業名稱及定義 C 大類裡，製造業 32 中類，家具製造業 322 小類，金屬家具製造業（3220），是指從事以金屬為主之家具及裝設品製造之行業，如金屬櫃、金屬桌及彈簧床墊等製造；金屬家具之表面塗裝亦歸入本類。金皇公司就是以金屬家具製造為主的產業。

根據表 1 資料顯示，家具製造業每年的成長率約在 5 ～ 7% 之間。產業經歷消費升級、新零售、整裝、海外併購以及貿易戰等多方面課題，過去 10 年間國際品牌更是大量湧入國內市場，再加上國內環保要求，促使企業轉型，有些公司已經將重新將人、貨、場，銷售管道多元化，AI 人工智慧等全面的應用在家具製品產業。

表 1 家具貿易總值

| 年 | 貿易總值 | 成長率 |
|------|----------|--------|
| 2016 | 2024.76 | |
| 2017 | 2132.33 | 5.31% |
| 2018 | 2233.17 | 4.73% |
| 2019 | 2404.56 | 7.67% |

單位：百萬美元

過去 4 年台灣家具貿易總額每年微幅成長，顯示家具品類的貿易市場依舊活絡，2019 年主要出口國包括，美國 845.12 百萬美元，日本 231.59 百萬美元，中國 70.35 百萬美元，德國 64.65 百萬美元，英國 50.82 百萬美元。過去中國主要排序是第五位，現在中國已經排到第三位。以 2018 年為例，家具貿易總產值，進口值金屬類占 15.61%，木材類占 40.52%，其他占 43.88%。美國、日本的出口值已經超過 50% 以上，是台灣家具主要的出口國家。

至於台灣家具主要進口國，中國 418.79 百萬美元，義大利 51.84 百萬美元，越南 36.31 百萬美元，印尼 33.96 百萬美元，德國 28.96 百萬美元，事實上台灣過去進口國的前五大都是這五國。2018 年家具貿易出口產值，金屬類占 52.42%，木材類占 8.14%，其他類占 39.45%。顯然金屬家具主要以出口為大宗。

如果從產品生命週期來看台灣家具產業的發展歷程，主要可以分為五個階段：1955 年以前是萌芽期；1956 年到 1965 年是內銷期；1966 年到 1976 年是外銷鼎盛時期；1976 年到 1990 年是成熟期；1991 年以後是轉型期。台灣在 1991 年後由於國內廠商陸續到歐洲觀摩家具展覽，因此國內家具產業開始受到歐洲風格的影響。台灣的家具業雖然在中國、越南、印尼等國的低價競爭下，但還是能夠擁有穩定的品質，

因此獲得國內外市場的青睞。目前國內家具產業有些已經外移到大陸、越南發展，外移原因主要是看中這兩個國家廉價的勞工成本。

## 三、金皇企業產業現況

由於台灣的辦公椅產業市場不大，金皇於 1985 年採取半外銷策略，將產品打入美國市場，而現在金皇已是百分之百外銷（美國）的公司。金皇是亞洲第一家，也是唯一一家擁有能力一條龍生產製造配銷的公司，從產品的模具開發就開始提供垂直式、完整性的設計、生產過程。不但自行生產椅件所需的每個基本零件、鋼材外，還自行研發生產適合人體工學、耐用度高的塑料射出成型零組件。從原物料、半成品零件，一直到組裝完成的最終產品，皆以最嚴格的品質控制政策。金皇努力維持 OEM 以及 ODM（接單式生產）項目的成就滿

圖 2　廠房內部

圖 3　廠房外貌

意度一直持續到最後一刻。

金皇在這個資訊充足且消費者需求變化萬千的時代中，為了維持自身領先的地位，在內部設置了設備完善的實驗室及研究室，用以研發和不斷的審視自身產品，找出問題並進行改善以求新求變，更能符合市場變化。除此之外，工廠中還採用了電腦系統來溝通和協調自動化生產過程中的各個程序、步驟，讓每個環節都可以順利銜接、平衡各個工作站排程，用以滿足全球不斷增長的產品需求。公司表示其主要是接單式生產的經營模式，訂單的完成週期約莫 3 個月左右，但是會因淡旺季而進行產能調整。公司大略估計過，透過自動化生產過程，一張辦公轉椅的產出時間只需要 2 秒，這些都是歸功於妥善的生產規劃、存貨控制與自動化生產的完善整合。由於金皇在台灣現有 8 個工廠，分別為鳳林工廠總部、屏南工廠、屏七廠、屏五廠、屏六廠、Leebest 廠辦公室、屏東工廠以及廣東中山國王霍華德等 8 個廠。在所有產區中，其中有 3 個廠區是負責集中出貨的，根據負責人表示，8 個廠都各司其職、生產其所負責的產品相關零件；同時在存貨控制與運輸配送上皆可互通有無、相互合作，因此不會出現斷貨缺料的問題，讓客戶們很安心其交貨狀況。這些特色都讓金皇面對全球各種訂單數量與排程時，是充滿信心的。

# 三、金皇企業的經營理念

為響應環保政策，金皇作為全球公民的一員以及基於永續經營管理的責任，公司對所有研發、生產及配送等活動，皆盡可能地最小化其對環境所造成負面影響。在不斷改善環境績效的框架中，金皇將綠色產品策略納入了企業日常的實踐，並專注於六大重點，分別為：重用、回收、保存、最佳、綠色設計以及減少碳排污染。

1. 重用：在公司內部的材料運輸中，重複使用每種包裝、儲存材料，例如存貨托盤和包裝盒子，以減少製造浪費及廢棄物。
2. 回收：在製造過程中，對每種可回收材料進行妥善的分類，例如 PP（Polypropylene- 塑料原料）碎片、尼龍、瓦楞紙箱、PP 帶（Polypropylene packing band- 包裝帶），並遵循有關材料重複使用及回收的標準程序。
3. 保存：於廠區重新分配照明設備，並結合日光來節省電能。
4. 最佳：定期檢查、維護，並更新汰舊機器系統以節省能源和優化效率。
5. 綠色設計：設計具環保功能的材料和可回收的產品，以使產品更加綠色環保。
6. 減少碳排污染：將廠區的柴油堆高機更換為電動堆高機，以減少空氣和噪音污染。

金皇同時也強調綠色工作需要每個員工的合作，因此邀請並鼓勵員工成為負責任的企業綠色公民，努力擴大實現綠色環保的範圍，實現對環境政策的承諾。

在未來的規劃上，金皇認為只有繼續遵從公司的使命：即專業的研發、優良的生產設備、嚴格的質量控制程序，以及超過國際安全標準的產品。目標是要以生產舒適、優質和符合人體工學的產品，包括座椅、家用家具、課桌椅及醫療和保健設備，且其安全標準超越了現有的標準，如此才可以滿足全球客戶的要求。

# 四、金皇企業關鍵成功因素

在與金皇董事長陳思明訪談的過程中，他表示，公司能成功的主要歸功於四個原因：專利、品質、產量、創新。

## (一) 專利

除了自身的設計外，金皇透過專業的研發，先進的製造設備，以及一支出色的研發團隊，生產出了多種符合人體工學的多功能辦公椅，且將成果轉化為專利。截止到 2008 年，已經從美國、日本和其他國家的專利局獲得了 65 項專利，其中因為金皇的主要客群位於美國，因此大多數為美國專利局的專利，而這正是金皇領先地位的優勢之一。陳董事長表示，

美國的市場競爭激烈，因此公司需要有更多的專利來保護自己，同時也是保障自身的產品。現今專利批准的數量正不斷增加中。

## （二）品質

品質是重中之重。每個重要部分均由金皇自身親力而為。自製零件意味著可生產出數量充足且質量有保證的產品，連同可轉換裝配線一起，可以執行腳踏實地的品質控制，且這種原理已經通過 ISO 9001：2000 認證，在整個工廠中得到了很好的傳播。金皇認為質量就是產品的價值，產品價值不斷增加，尤其是在要授予國際標準時，才能證明了產品的質量及公司的信念：追求最好，堅持品質第一。金皇的產品品質皆已通過 BIFMA、JIS、EN、AFRDI 等國際測試標準的驗證。作為一家通過 ISO14001 認證的製造商，金皇認為自身有責任確保產品和製造過程完全符合自身對環保的承諾。公司間流傳一句話：「永遠不要說質量永遠第一。」可見金皇在質量這方面的成長是永續的，且非常注重品質。

## （三）產量

金皇董事長陳思明說到：「一家公司有了設計，有了品質之後，就是產量了，一間公司該如何在有限的時間下產出顧客需要的數量，對公司來說是很重要的課題。」然而產量對金

皇從來就不是問題，公司成立了多年以來，早已擁有一條龍的完善服務產線，還有自主生產零組件的能力，在旺季訂單量大，需要大量零組件時，不需要擔心廠商無法供應，因為自身就有辦法從頭到尾的將一張椅子製成出來。在勞工費用逐漸上升的今日，董事長陳思明說到，台灣勞工費用昂貴，又招不到人手的情況下，公司就需要與時俱進，自給自足，因此工廠也引進了不少自動化生產的機器，讓金皇克服了員工不足的問題，同時也因為自動化機器的引進，節省了不少人事成本。

## （四）創新

在企業穩定的發展之下，金皇並沒有因此停下腳步，金皇內部設有專業的實驗室，引進專業的人才來研發，運用不同的材料創造出新型或者是負重量更高的辦公椅，並且改善自身的產品，也就是不斷的改善產品的品質與功能，目的就是為了滿足全球的需求，同時也讓枯燥無味的辦公椅變成多功能轉椅，以站穩領先全球的地位。

# 資料來源

1. https://www.kinghong.com.tw/msg/msg2.html
2. https://www.trademag.org.tw/Upload/tam_tam/552506/%E9%87%91%E7%9A%87%E4%BC%81%E6%A5%AD.pdf
3. https://www.twincn.com/item.aspx?no=85807913

---

作者簡介

# 陳宗輝 教授

國立屏東大學行銷與流通管理學系教授。曾任行銷與流通管理學系主任，專長為生產作業管理、供應鏈管理、產品定價、虛實銷售通路管理及企業永續管理，亦發表多篇研究於國際期刊上。

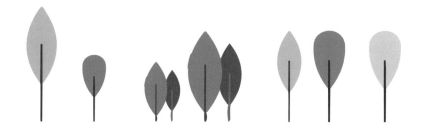

# 第九章

# 印象建設

/ 賴碧瑩

# 一、印象建設公司簡介

公司基本資料

| | |
|---|---|
| 核准設立日期 | 民國 95 年 08 月 30 日 |
| 公司地址 | 屏東縣屏東市崇朝路 16 號 |
| 負責人 | 王世賢 |
| 員工人數 | 35 人，公司分為管理部、工務部、業務部 |
| 資本額 | 2500 萬 |
| 分公司分布現況 | 象印營造有限公司、南象建設股份有限公司 |

印象建設，這家建設公司的名字與「印象」兩個字一樣，許多人對於這家公司印象深刻。印象建設公司 2006 年在屏東市創立，短短數十年間已經在屏東縣、屏東市建立起自己的品牌形象，尤其是王董事長在擔任屏東縣不動產開發同業公會理事後，更是展現其用心、努力的一面，不僅讓印象建設公司業務蒸蒸日上，也帶領屏東縣境內的建設公司屢獲建築個案獎項佳績。

其實在這 10 多年當中，屏東縣境內的建築個案一直都是小規模，印象建設也同屏東縣的建設公司般，10 戶、10 戶的蓋，當公司逐漸累積資本與能力後，印象建設才開始比較大規模的興建透天厝，今年 2020 年大觀印象拿下高雄建築園冶獎的

圖 1　印象建設 LOGO

那一剎那，王董事長在喜悅的同時，也更加感受到身為一家公司董事長在公司逐漸成長同時，身為一個經營者更是需要思考公司的未來發展方向。

印象建設的 LOGO 設計理念來自古代方孔銅錢，這種天圓地方的概念正凸顯出王世賢董事長的圓融處事態度，王董事長認為天是圓的，地是方的，作為一個不動產開發商就是需要有這種以天地為理念的宇宙觀；而且天覆地載都存在於這小小的圖案中，正是印象建設想要實現的理想，任何的建設個案都能夠對得起天與地。

圖 2　2020 年高雄園冶獎─大觀印象

# 二、建設公司市場概況

## (一) 建設公司產業概述

行政院主計處行業分類標準（2016 年 1 月），在行業名稱及定義 L 大類不動產業的 67 中類中有 6700「不動產開發業」一項，是指以銷售為目的，從事土地、建物及其他建設等不動產投資興建之行業。主要經濟活動包括土地開發、新市鎮開發、住宅大樓開發、工商綜合區開發、車站共構宅開發，但是此類不包括建築工程歸入 4100 細類「建築工程業」，及以租賃為目的之不動產投資興建歸入 6811 細類「不動產租售業」、從事不動產代銷歸入 6812 細類「不動產經紀業」。在經濟部之公司登記的營業項目列有「H701010 住宅及大樓開發租售業」者，這就是所謂的建設公司的登記業別。

據住展雜誌統計，2019 年北台灣（新竹以北含宜蘭）「十大建商」排行榜，第一名至第十名依序為寶佳機構、富宇建設、麗寶機構、華固建設、興富發建設、遠雄建設、冠德建設、馥華機構、甲山林機構、立信機構等建商。如果以 2019 年台灣建商推案量金額來看，總金額超過 1.5 兆元，推案金額前十大推案建商依序為寶佳、興富發、冠德、麗寶、富宇、遠雄、豐邑、京城、國泰及龍騰等建設公司，其中寶佳

機構推案破千億排名第一，號稱「推案王」，第二名興富發建設，第三名冠德建設。這十家建設公司只有京城及龍騰是高雄市建設公司，其他都是數於北台灣建設公司，所以屏東縣的建設公司當然推案金額更少。不過熟悉房地產的人士都知道，推案金額多寡這背後主要的原因是因為房地產單價北部幾乎是高雄市的 3 倍以上，是屏東市的幾乎 5 倍以上。

## （二）建設公司開發方式

建設公司開發方式包括不動產的規劃設計、興建施工及銷售業務。因為建設公司規模不同，因此開發方式也會有所差異。

### 1. 自行開發方式

建設公司如果採取自行開發方式，此時公司將主導整個開發計畫，包括規劃設計、建築施工以及銷售，有的人把這種模組稱為一條龍的開發方式。自行開發的優點在於建設公司可以完全主導開發決策，享有完整開發利潤，但也必須承擔完全的風險。

### 2. 合作開發方式

建設公司如果與機構合作開發，即為合作開發方式。此時建設公司提供資金與技術，機構提供土地或是部分出資。合作

開發的優點在於分擔自行開發的投資風險及技術需求，尤其是大型土地，一般擁有的機構多數會以合作開發方式進行投資，例如黑松公司與三僑合作開發的「微風廣場」，富邦建設集團與誠品合作的松菸文化園區。

## 3. 合建方式

即由地主提供土地，建設公司負責規劃興建之合作方式，如目前台肥與華固建設合作之住宅開發案、台北市政府的捷運聯合開發案件、或是一些小地主與建設公司合作開發模式等。雙方在興建完成後，依據雙方約定合建契約，分配建築物面積，一般在開發建築後，以出售方式處分不動產或是採取地主保留戶方式留存其合建後分配面積。

## 4. 設定地上權方式

地主不參與土地的開發及營運管理，而將開發權以出租或設定地上權方式移轉給他人出資興建，如台肥設定地上權予中國信託之土地、台汽設定地上權予潤泰建設開發中崙大樓、台北市政府設定地上權予台北金融大樓股份有限公司開發台北 101 等。目前國內政府單位所擁有公有土地多數採取這種方式開發。

建設公司是一個高度專案導向的行業，其工程生命週期自公

司的營運決策、選地、規劃、設計、發包、施工到銷售、交屋、維護管理等，這些階段的工作通常隸屬於不同部門，但各部門的任務彼此之間又緊密互相扣合，這種分工管理模式，每個階段及計畫之間都必須不斷檢驗其品質及落實達成的程度。越大的建設公司分工越細，越小的建設公司則是一人包辦多項工作。以大型建設公司來說，多數有完整的 ISO 流程，每個部門所有的作業程序及權責都非常的清楚。所有擬定的作業程序，也會定期經由專案檢討、召集各個專案負責人簡報或自動收集相關的資料，進一步了解各部門或專案負責人是否有依循 ISO 流程標準執行。無論是管控、記錄、回報、追蹤、分享、稽催、統計的資料，都可以透過有系統方式記錄與管理，以作為新案參考依據，並提供解決管理對策。

# 三、屏東房地產產業市場分析

## （一）產業市場現況

根據財政部統計屏東縣營利事業銷售額，屏東縣 2018 年成長最快的是不動產業，全年銷售額 74 億 6,181 萬元，相較 2017年 57 億 6,861 萬元，成長達 29.35% 居所有行業別之冠，成長第二名為 15.21% 的營建工程業。如果由土地增值稅收來看屏東房地產市場交易，2019年屏東縣土地增值稅收 17億 4,857

萬，較前一年度 14 億 2,333 萬，大幅成長 22.85%，2019 年收件數為 32,847 件，較 2018 年收件數 30,254 件，增加 2,593 件。從這些統計資料不難看出，屏東縣房地產市場的活絡交易。屏東在這幾年之所以交易蓬勃，這得歸功於屏東縣政府多項重大建設計畫推動有關，這當中包括有：高鐵南延屏東交通建設計畫、六塊厝產業園區、高雄榮民總醫院屏東分院新建等。當然這幾年屏東不論是燈會活動、屏東全中運，在在都讓屏東在台灣的曝光度增加，自然而然吸引到民眾考慮落腳此地。

## （二）產業市占率狀況

屏東房地產市場近年來在興建型態有明顯的變化，因為營建成本、地價高、人口結構改變，促使屏東房地產市場風貌持續的改變，尤其是屏東市的建物型態已經逐漸由透天厝變成五樓電梯華廈與大樓。

根據表 1 屏東縣不動產開發公會所提供的 2019 年開工資料顯示，2019 年一整年的推案個數有 215 個，總戶數 2,181 戶，透天厝戶數占比 43.87%，大樓／華廈戶數占比 54.37%。印象建設的推案地區主要集中在屏東市、內埔鄉。大體來說，印象建設在屏東縣的推案排名第二。

表1 屏東縣不動產開發商業同業公會 2019 年建築產品型態分析

| | 建案個數 | 透天厝戶數總計 | 大樓 / 華廈總計 | 旅館戶數總計 | 店鋪戶數總計 |
|---|---|---|---|---|---|
| 屏東市 | 52 | 232 | 512 | | |
| 九如鄉 | 18 | 109 | 24 | | |
| 內埔鄉 | 24 | 113 | 41 | | |
| 竹田鄉 | 2 | | | | 10 |
| 車城鄉 | 1 | 6 | | | |
| 里港鄉 | 13 | 76 | 48 | | |
| 佳冬鄉 | 2 | 10 | | | |
| 東港鎮 | 17 | 30 | 238 | | 14 |
| 枋寮鄉 | 3 | 23 | | | |
| 林邊鄉 | 3 | 7 | | | |
| 長治鄉 | 15 | 62 | 126 | | |
| 恆春鎮 | 4 | 16 | 19 | | |
| 崁頂鄉 | 3 | 22 | | | |
| 琉球鄉 | 1 | | | 3 | |
| 高樹鄉 | 1 | 8 | | | |
| 新埤鄉 | 1 | 7 | 5 | | |
| 新園鄉 | 4 | 18 | 40 | | |
| 萬丹鄉 | 15 | 59 | 30 | 2 | 11 |
| 潮州鎮 | 31 | 144 | 92 | | |
| 麟洛鄉 | 5 | 13 | 11 | | |
| 總計 | 215 | 955 | 1186 | 5 | 35 |

　　從表 2 的統計資料可以看出，印象建設的推案樓地板面積及總工程造價在屏東縣 33 鄉鎮來說，其所占的比率排序第二，但是高出其他同業的 3 倍之多。

表 2 屏東縣不動產開發商業同業公會 2019 年建設公司推案比率分析

| | 總樓地板<br>面積 $(m^2)A$ | 總工程<br>造價 B | 總樓地板<br>面積市占率 (A/T1) | 總工程造價<br>市占率 (B/T2) |
|---|---|---|---|---|
| 中洲建設 | 24983 | 163565715 | 7.34% | 9.03% |
| 印象建設 | 10893 | 56409490 | 3.20% | 3.11% |
| 居德建設 | 9386 | 52007254 | 2.76% | 2.87% |
| 廣鍵建設 | 7693 | 38973202 | 2.26% | 2.15% |
| 磐京建設 | 7663 | 39128316 | 2.25% | 2.16% |
| 東南資產 | 7546 | 38090452 | 2.22% | 2.10% |
| 秀吉建設 | 7532 | 38307850 | 2.21% | 2.11% |
| 德冠建設 | 6765 | 40719465 | 1.99% | 2.25% |
| 其他建設 | --- | --- | 0.05~1.9% | 0.05~1.9% |
| 總計 (T1-T2) | 340,522 | 1,811,688,098 | 100.00% | 100.00% |

# 四、印象建設公司關鍵成功因素

印象建設公司成功的關鍵因素主要來自於對領導者的魄力與
團隊的齊心協力，且王董事長認為提供下屬發揮創造才能的
機會，讓團隊一起發揮創意是很重要的工作，再加上王董事
長是工務管理出身，因此對於建築工地施工瞭若指掌，自然
能夠有效地管控房子的施工進度與品質。

在與王董事長聊天過程中，王董事長告訴我他一直鑽研在建
築工務的實作領域裡，對於工法實務他的體悟是：「魔鬼確
實藏在細節，因此公司團隊的執行力是關鍵，而是否能夠有
創新能力則是上帝給的。」

## （一）激發員工創造力

以員工管理來說，公司會讓各個部門及同仁可以各司其職，各自負責其所管理事務，讓員工有一定的自主權。各個部門主管可以根據主要目標、重點注意事項，來執行業務工作。以建築個案「首藏印象」為例，印象建設想將「編織瓦造型」運用在建築外觀上，而王董事長想將透明魚缸融入建築設計中時，一開始員工都會認為不可能，但是透過不斷地發想、追蹤，最後印證每一個不可能會轉變成可能，員工也在這創意激發過程中學習到如何將不可能變成可能。

## （二）務實的管理能力與領導

印象建設擁有強而有力的工務管理實務背景，因此公司成立至今能夠成功的關鍵在於面對房地產採取務實的態度。此外，當公司有重大決定時，管理階層即使有強烈的主見，面對員工的質疑或是不同意見，管理階層也會從善如流適時的修定方向。但是公司在面對土地購買或是施工決策上面，公司這幾年之所以屢創佳績，端賴領導者的行事果斷與幹練。

## （三）主動提供買屋者消費服務

多數公司面對消費者的態度是被動的，但是印象公司卻是採取主動告知方式，業務部門面對消費者時，不是等待著消費

者告訴公司需要什麼，而是主動積極地給予消費者資訊回饋。當產品有特別突出的亮點，公司也會主動告訴消費者設計風格理念，取得消費者的信任。

## （四）執行能力績優

公司的團隊成員互補性強，每位員工性質、專長不同，因此都能夠發揮自己強項，讓公司業務能夠達成目標。當推出新的建築個案時，員工提供關鍵時刻的支援，也讓團隊能夠順利完成工作，積極發揮公司的執行能力。

圖 3　印象建設歷年的建築個案

表 3　印象建設公司歷年推出的建案名稱

| 西元年 | 名稱 | 西元年 | 名稱 |
|---|---|---|---|
| 2007 | 印象精品 | 2013 | 品藏印象 |
| 2007 | 第一印象 | 2013 | 日出印象 2 期 |
| 2008 | 黃金印象 | 2014 | 印象派 |
| 2008 | 時尚印象 | 2014 | 鑽石印象 1 |
| 2009 | 森晴印象 | 2015 | 河堤印象 |
| 2009 | 森晴印象 II | 2015 | 藏豐印象 |
| 2009 | 印象首藏 | 2016 | 印象派 2 |
| 2010 | 風尚印象 | 2017 | 河堤印象 2 |
| 2010 | 印象之光 | 2017 | 鑽石印象 2 |
| 2011 | 日出印象 1 期 | 2018 | 藏豐印象 2 |
| 2011 | 風尚印象 II | 2019 | 大觀印象 2 |
| 2011 | 印象之光 II | 2019 | 清溪印象 |
| 2012 | 吾愛印象 | 2019 | 內埔印象 |
| 2012 | 千禧印象 | | |

# 五、印象建設公司管理策略

## （一）策略計劃與決策過程

每一個建築個案開發對印象建築團隊來說，如同公司網站首頁所寫的：向一切不可能致敬，公司的決策過程一直是秉持理想是鷹架，透過信念爬上去，任何計畫的機會就來了。

## （二）售後服務

在公司的網站首頁有客服專區，可提供購屋者電話申請售後服務，購物者也可以在網路上留言，提出維修需求。

## （三）完善的驗屋服務

這幾年國內興起驗屋公司，許多消費者會聘請驗屋公司幫忙驗屋。印象建設為了讓消費者安心，在安排驗屋時，提供專業設備展示給屋主了解，讓屋主可以安心入住，該公司提供的驗屋設備包括有：網路測試儀、電路分析儀、建築水分儀、插座測試器、甲醛檢測儀、電子水平尺、墨線雷射儀、噪音分貝儀、管道攝影機、空心檢驗鎚等十項儀器，可謂設想周全。此一管理策略，大大地提高公司的交屋速度以及公司形象。

## （四）公司工作分配

1. 管理部：處理規劃設計、行政事務、發包等工作。
2. 工務部：處理現場施工品質及安全把關。
3. 業務部：專門處理銷售簽約、交屋。

## （五）企業社會責任策略

企業社會責任的概念是基於商業運作必須符合可持續發展的

想法，在歷經屏東這波景氣的幫助，印象建設除了考慮自身的財政和經營狀況外，也開始善盡一份屏東企業家的責任，尤其是王世賢董事長在擔任屏東縣不動產開發同業公會理事後更是發揮到極致，舉凡屏東所需之資源，經常都是大力相挺。例如：捐贈救護車予高雄市政府消防局、屏東縣消防局。為了讓建築個案可以善盡社會公益責任，印象建設的建築個案都會在動工時主動捐款，同時也會號召建築個案參與的合作廠商一起響應，不論是屏東縣阿猴城慈善會、創世基金會、家扶基金會等，都是公司捐款服務的對象。當然在 2020 年疫情緊繃的期間，公司對於防疫物資也慷慨地提供援助。

# 參考文獻

1. http://www.yinsiang.com.tw/about.html
2. https://www.twincn.com/item.aspx?no=28392034
3. https://www.etax.nat.gov.tw/etwmain/web/ETW113W1_1
4. https://findbiz.nat.gov.tw/fts/query/QueryList/queryList.do
5. https://news.cnyes.com/news/id/4437809

---

**作者簡介**

# 賴碧瑩 教授

現任國立屏東大學不動產經營學系教授，曾任不動產經營學系主任、技術研究發展處處長。曾經擔任營建署都市計畫委員、地政司土地徵收委員；環太平洋不動產學會（PRRES）理事長，高雄市區域治理學會理事長等職。

國家圖書館出版品預行編目 CIP 資料

屏東管理學 / 賴碧瑩, 潘怡君, 劉毅馨, 李國榮, 郭子弘, 黃露鋒, 朱全斌, 陳宗輝著；賴碧瑩主編. -- 初版. -- 高雄市：巨流圖書股份有限公司, 2021.02
面；公分
ISBN 978-957-732-612-6( 平裝 )

1. 企業家 2. 企業經營 3. 傳記

490.99                                              110002315

# 屏東管理學

| | |
|---|---|
| **主編** | 賴碧瑩 |
| **著者** | 賴碧瑩、潘怡君、劉毅馨、李國榮、郭子弘、黃露鋒、朱全斌、陳宗輝 （依章節順序排列） |

| | |
|---|---|
| **發行人** | 楊曉華 |
| **總編輯** | 蔡國彬 |
| **出版** | 巨流圖書股份有限公司 |
| | 802019 高雄市苓雅區五福一路 57 號 2 樓之 2 |
| | 電話：07-2265267 |
| | 傳真：07-2233073 |
| | e-mail: chuliu@liwen.com.tw |
| | 網址：http://www.liwen.com.tw |
| **編輯部** | 100003 臺北市中正區重慶南路一段 57 號 10 樓之 12 |
| | 電話：02-29229075 |
| | 傳真：02-29220464 |
| **法律顧問** | 林廷隆律師 |
| | 電話：02-29658212 |
| **出版登記證** | 局版台業字第 1045 號 |

| | |
|---|---|
| **出版年月** | 2021 年 2 月 （初版一刷） |
| **定價** | 450 元 |
| **ISBN** | 978-957-732-612-6 |